物种起源

（少儿彩图版）

苗德岁 著

达尔文的生命探索

人民文学出版社 天天出版社

图书在版编目（CIP）数据

物种起源：少儿彩图版 / 苗德岁著. -- 北京：天天出版社，2022.11（2023.5重印）
（达尔文的生命探索）
ISBN 978-7-5016-1936-8

Ⅰ.①物… Ⅱ.①苗… Ⅲ.①物种起源—少儿读物
Ⅳ.①Q111.2-49

中国版本图书馆CIP数据核字(2022)第176535号

责任编辑：王晓锐　　　　　　　　　　**美术编辑：**邓　茜
责任印制：康远超　张　璞

出版发行：天天出版社有限责任公司
地址：北京市东城区东中街42号　　　　**邮编：**100027
市场部：010-64169902　　　　　　　　**传真：**010-64169902
网址：http://www.tiantianpublishing.com
邮箱：tiantiancbs@163.com

印刷：北京博海升彩色印刷有限公司　　**经销：**全国新华书店等
开本：710×1000　1/16　　　　　　　　**印张：**9
版次：2022年11月北京第1版　**印次：**2023年5月第2次印刷
字数：90千字

书号：978-7-5016-1936-8　　　　　　　　**定价：**39.00元

目录

第一章
而立之年

而立之年好事连连

查尔斯·罗伯特·达尔文出生于 1809 年 2 月 12 日。按照孔子《论语》里对自己人生总结出来的"阶段论"，1839 年刚好是达尔文的而立之年。这标志着人的一生抵达了一个分水岭：到了30 岁的时候，一个人应该建立起自己的小家庭，并确立自己将来所要从事的职业了。

达尔文在历时近 5 年的环球科考回来之后，便立下了献身科学事业的志愿，而且得到了父亲的大力支持。在其后的两三年间，达尔文大部分时间都只身住在伦敦。他在良师益友亨斯洛教授的帮助下，很快结识了包括莱尔在内的许多学术界"大腕"。这期间也是他科学研究的高产期，他应邀四处演讲，还着手主编并组织出版了五卷本的《小猎犬号科考动物学》，之后又编辑出版了三卷本的《小猎犬号科考地质学》。这些学术活动的成功，给他带来了学术界各种荣誉和桂冠：他相继被接受为伦敦动物学会会员、伦敦地质学会与皇家地理学会的会员和理事，并担任伦敦地质学会秘书。对一个几乎是靠自学成才的年轻博物学家来说，达尔文在短短几年时间内，奇迹般地跻身于伦敦学术精英的行列，顺利实现了亨斯洛教授为他做的职业规划。

1839 年也是达尔文人生中的幸运之年。这一年，他不仅出版了畅销书《小猎犬号航海记》，而且被推选为英国皇家学会会员。更重要的是，1839 年也是达尔文学术发展和精彩人生的重要转折点。

环球科考归来后的两三年间，达尔文在整理环球科考的日记、标本、资料以及著述的过程中，进一步增强了他对物种固定论的诸多疑问，这些疑问主要来自三个方面：1. 南美洲巴塔哥尼亚发现的哺乳动物化石，经欧文教授研究，跟当地现生的贫齿类（比如大树懒、犰狳等）很相似；2. 南美洲南北部连续分布的鸵鸟，南北之间存在着明显的差异性（最南端的鸵鸟比北部的要小很多）；3. 加拉帕戈斯群岛各相邻小岛之间亲缘关系相近的动物，存在着细微但明显的差别。比如，著名的象龟，在不同的小岛上，它们的脖子长短以及龟壳上的花纹都不相同。另外，不同的小岛上的地雀，其喙部（即嘴巴）形状各异。

如果每一个物种都是上帝分别创造的，而且一经创造出来就不会改变的话，为什么会出现这些奇怪而有趣的现象呢？如果真

的有造物主存在的话，他不至于这么愚蠢或自找麻烦吧？从 1837 年 7 月开始，达尔文逐渐把这些质疑和想法记录在秘藏的笔记本里，并基本上认定：物种是可变的，而且是缓慢演化的。可是，这种变化或演化是如何发生的呢？他却不得而知。

1838 年 9 月的一天，他在阅读经济学家马尔萨斯的名著《人口论》时茅塞顿开，原来是"物竞天择，适者生存"！这下子，他突然发现了生物演化的主要机制——自然选择。这一"顿悟"

对达尔文来说，真可谓"踏破铁鞋无觅处，得来全不费功夫"。

什么是物种固定论？

物种固定论认为，世间万物都是造物主（即上帝或神仙）一次性创造出来的，而且所有的生物物种一经创造，就一直保持着最初的形态，不会发生变化。因此，人类及动植物一直都是现在这个模样，即所有生物物种都是固定不变的。物种固定论既是当时人们对生物物种的普遍认识，也是与基督教的信念相一致的理论。除了少数几位"智者"之外，很少有人对此产生怀疑。

这少数几位"智者"中就包括达尔文的祖父伊拉斯谟斯·达尔文，他在《动物法则》一书中提出，地球上先有植物，然后才有动物，而且随着时间的推移，动植物都会逐渐发生变化（即进化）。达尔文上大学时就读过这本书，不过他觉得这些纯属猜测而已。

法国博物学家布封也曾认为，动物的形态随着时间的推移以及生活环境的不同而发生变化，但是他并没有说明背后的原因是什么。

19世纪初，法国动物学家拉马克提出了比较完整的生物演化的观点，并且指出生物的这些变化是可以遗传给后代的。然而，他否认所有生物有着共同的祖先。还有其他一些人提出了生物会

发生演化的观点，但也都没有找到发生演化的原因。

　　因此，直到 1838 年底，达尔文成为发现生物为什么会演化的第一人。这一发现很重要，但这时候，达尔文还有一件更加紧迫的人生大事需要尽早解决！

婚还是不婚？

　　归国几年来，一方面，达尔文取得了上述一系列骄人的成就，另一方面，在繁忙的伦敦单身生活中也时而体味到单身的孤寂。1838 年底，他骤然感到生活中需要一位亲密伴侣，同时自己业已有了一定的建树，有底气向极为优秀的小表姐艾玛求婚了。

　　艾玛是舅舅最小的女儿，也是舅舅的掌上明珠。艾玛是大家闺秀，贤淑善良、见多识广、多才多艺；她热爱文学艺术，还弹得一手好钢琴。艾玛自小跟父母周游欧陆，在巴黎居住时，父亲曾聘肖邦做过她的钢琴教师，她的钢琴技术达到了钢琴演奏家水平。达尔文与小表姐青梅竹马，心底互生爱慕之情自不待言，而且舅舅和表哥、表姐们也都心照不宣，乐见其成。在维多利亚时代，女子是无法主动张口向男子吐露心声的，而达尔文一直觉得小表姐太优秀了，自己配不上她。接近而立之年，他终于觉得自己有点儿底气了。但是，一向谨言慎行的达尔文，在下定决心之前，还要对"婚还是不婚"这个严肃的问题，做一番严谨的科学

论证！

为了权衡婚姻的利弊，达尔文一本正经地取出几张纸，一张列出婚的利弊，另一张列出不婚的利弊，然后两相对照，并加以分析讨论，最后得出结论。这完全是科学论文写作的套路。一张所列"结婚的好处"包括终身有伴（老来可做朋友）、天伦之乐、音乐绕梁等；"结婚的坏处"包括为家事羁绊而失去外出考察的自

由、为社交活动及亲友来往而浪费宝贵时光等。另一张所列"不婚的好处"包括单身的自由、有时间在俱乐部里跟睿智有趣的绅士们畅聊、不必被迫与缺乏共同志趣的亲友们虚与委蛇、逢场作戏等；"不婚的坏处"自然是失去了结婚的诸多好处。经过如此的"科学"论证，他终于意识到：倘若一个人像工蜂那样，只晓得埋首工作辛劳一生，人生究竟还有什么乐趣和意义呢？再看看周围众多幸福的"奴隶"，他毫不犹豫地在结论处写下了：论证完毕——结婚！

1838年11月9日，达尔文去舅舅家向艾玛求婚。他既没有带玫瑰，也没有带订婚戒指，更没有像今天的许多年轻人那样在心上人面前单膝下跪，而是紧张不已地问艾玛："我爱你，艾玛！你愿意做我的终身伴侣吗？"这一句深思熟虑的话，他是用颤抖的声音吐露出来的。尽管如此，艾玛非常了解这位诚实可爱的表弟，这是她等候多年的一句话，在她的耳朵里，比世间最美妙的音乐还要动听。然而，这句话又来得如此突然，使艾玛一时激动得说不出话来，她羞涩地连连点头默许。

有情人终成眷属

两天后，达尔文的父亲和舅舅作为双方的家长，在舅舅家为这对年轻人举办了庄重欢快但又不张扬的订婚仪式。达尔文称这

一天是他"生命中最值得记忆的一天"。这对新人于 1839 年元月底成婚，他们的婚姻是典型的"自此后幸福快乐一生"的童话式美满结合。他们夫唱妇随，白头偕老，一起育有 10 个子女，其中好几个孩子在事业上各有所成。

至此，达尔文已名副其实地成家立业了。为了达尔文的科学研究事业，婚后头两三年，新婚夫妻屈居在伦敦，暂做租房客。对此，艾玛毫无怨言，并出色地担当接待达尔文众多科学家朋友来访的主妇角色。她热情亲切，待客周到，令大家感到宾至如归。达尔文的一位科学家朋友曾称赞艾玛说，回首往事，"哲学家"（达尔文在小猎犬号得到的戏称）的深奥哲理业已忘却，而女主人的热情好客却在脑海中挥之不去。

此外，达尔文在环球科考归来不到一年的时间里，突然出现了头痛、眩晕、心悸、恶心等症状。这一怪病长期折磨他，困扰他，而且一直没有查明病因，因而也无法得以根治。在达尔文和艾玛共同生活的 43 年间，艾玛担负起妻子、秘书、护理、娱乐者、挚友及心理医生等多重角色。

在婚后漫长的岁月里，艾玛对达尔文关怀备至、体贴入微。为了纾解他的工作压力，艾玛为他弹琴、读小说。她比达尔文多通几门外语，经常为他翻译外文信函与书刊资料，还帮助他誊抄文稿、整理资料。更重要的是，她理解并无条件地支持达尔文的研究工作，总是想方设法为他分忧解愁。正像达尔文在回忆录中

所写的那样，"艾玛是我一生最大的幸福，她从未说过一句我不爱听的话，她是我的挚友和救星"。委实，从达尔文的身体状况以及他的工作量看，很难想象，倘若不是艾玛对他的精心照顾，他如何能活到古稀之年并取得如此大的成就。

达尔文夫妇婚后两年，连得一子一女，到了 1841 年下半年，艾玛发现自己又怀上了第三胎。原本就不太宽敞的伦敦公寓，随着孩子们的诞生，变得愈加拥挤不堪。再加上健康的原因，达尔文日益难以忍受伦敦的嘈杂。他跟艾玛商量，也许他们需要到伦敦近郊买栋房子，这样的话，既避开了伦敦嘈杂不宁的生活，也方便偶尔进城参加科学活动。艾玛本来就喜欢娘家那种田园生活，只是为了丈夫的事业才居住于伦敦的。因而，达尔文的提议正合她的心意。经过一番寻找，他们在伦敦南郊一个小镇达温（Downe）买下一栋住宅，后来这栋住宅被称为"党豪斯"（Down House）。达尔文自 1842 年起，在这栋住宅里度过了余生（整整 40 年），并写出了《物种起源》以及其他许多著作；现在这栋住宅已被英国历史文物机构辟为"达尔文故居纪念馆"。

第二章

《物种理论纲要》

《物种理论纲要》的诞生

前面提到，达尔文在 1838 年 9 月重读马尔萨斯《人口论》时"顿悟"，发现了生物演化的主要机制——自然选择。然而，由于这一想法来得突然，又是特别惊世骇俗的"危险"想法，所以他只是在他的秘藏笔记本 D 里记下了这一想法，日期是 1838 年 9 月 28 日。从那一刻起，他对这一想法就是秘而不宣的，他觉得太不成熟了，太容易引起争议了。接下来的几年里，他不断地在一本又一本的秘藏笔记本里，记录下各方面的证据（这件事他只在给好朋友莱尔的信里透露过）。待到他乔迁到"党豪斯"，逐渐安定下来之后，他感到上述想法已日渐成熟，于是在 1842 年起草了一份 35 页纸的手写大纲。到了 1844 年 7 月，他又在前一份大纲的基础上，完成了 5 万字左右（长达 189 页）的《物种理论纲要》。

达尔文这篇纲要的主要结论包括如下几点。

1. 生物存在着可遗传的个体变异。换句话说，生物天生就带有变异，这些变异能够遗传给后代。

2. 因为资源有限，生物之间必须进行残酷的生存斗争。

3. 结果，具有"好"的变异的个体，存活的机会就更大，留下的后代也更多。长久下来，有益的变异被保存、积累，有害的变异则被清除，最终使生物能够更好地适应其生活环境与生存方式。这就是"自然选择"原理。

4. 自然选择是生物演化的主要动力，它既解释了地球历史上生物大灭绝的奥秘，也解释了如今地球上的生物何以变得如此丰富多彩。

立下学术“遗嘱”

值得指出的是，此时达尔文对这篇《物种理论纲要》已经比较满意，自认为是总结了当时比较确定的一些认识与结论，值得在合适的时候发表。为此，他考虑到自己字迹潦草，还郑重其事地请当地写得一手好字的小学校长，将他的手稿工工整整地誊抄出来。鉴于自己的健康状况欠佳，又对自己的“理论”充满信心与执念，他在不足35岁时，给妻子艾玛郑重地写了一封类似于“遗嘱”的“托孤”信，把他的这一重要“学术婴儿”托付给爱妻，以防身遇不测早逝的话，妻子不知道如何处理这份珍贵的手稿。

达尔文在信中写道：“这份手稿是我刚完成的有关物种理论的纲要，倘若日后能有一位有资格的审稿人肯定其价值，便是对科学进步的一项重大贡献。万一我遇不测而身亡的话，请你拿出400英镑作为出版费用，并委托亨斯洛或莱尔先生一同商办此事，确保它得以发表。”

然而，他所担心的厄运并未降临，他有幸活到古稀之年，不仅亲自将这一理论公之于世，而且目睹它得到了广泛的接受，并为他赢得了显赫的“生前身后名”——不过，这一切还要等候至少15年……

照理说，达尔文1844年的《物种理论纲要》完全可以拿出去单独发表的，可是他为什么没有这样做，而是将其“雪藏”起

来并做出"托孤"的安排呢？事实上，达尔文日后并未遭到什么不测，在其后多年间，他还发表了许多其他方面的重要著作。然而在他生前，《物种理论纲要》却从未发表过；直到 1909 年，才由他的儿子弗兰西斯编辑出版——距离他完成这篇论文已经整整 65 个年头！而他的物种理论，也是直到时隔 14 年后的 1858 年 7 月才首次公之于世。个中原因，长期以来科学史家们众说纷纭。

迄今为止比较流行的一种解释是，达尔文迟迟没有发表他的理论，是因为担心会引起巨大争议，甚至有人猜测达尔文可能担心自己的人身安全会受到反对者的威胁。其主要根据，大多援引达尔文在信中写过的一句话——承认物种是可变的，就像供认自己是杀人犯一样。

诚然，我并不否认他会考虑到发表此文可能会引起巨大的争议，甚至会伤害到妻子艾玛的宗教情感，也可能令他剑桥大学的几位"有神论者"良师益友（包括亨斯洛和塞奇威克）感到不安。但依据我多年来对《物种起源》文本的研究以及对达尔文严谨治学精神的了解，我认为这些都不是他推迟发表物种理论的主要原因。

我认为，达尔文深知自然选择学说是惊世骇俗的理论，因为它彻底颠覆了当时人们对这个世界（特别是人类自身）的认知，必然会引起一场科学及思想上的革命。原本人们以为，世上万物

都是神（上帝）创造的，但达尔文指出：新的物种是从旧的物种那儿演化而来的。这无异于把整个世界翻了个"个儿"！达尔文深信，非凡的理论必须有非同寻常的证据支持才行，因此，他必须慎之又慎。为此他决定暂时将这篇文稿雪藏起来，继续搜集支持其理论的证据，到了自己觉得无懈可击、足以说服众人（尤其是可能持不同观点的人）的时候，再拿出来发表。

事实上，达尔文也并未把他的理论完全雪藏起来。他从1845年开始修订《小猎犬号航海记》第二版，在书中增添了许多新内容。这些新段落散布于全书，只有将第二版与第一版放在一起仔细对照，才能看出不同来。倘若把新增的这些段落串在一起的话，读者便不难发现，《物种理论纲要》的内容几乎从中呼之欲出！达尔文这样做的目的很明显，他这是在为自己理论的优先权留一"小手"：日后万一有其他人抢先发表了类似的理论，他可以将"隐藏"在《小猎犬号航海记》第二版中的这些新内容抽出来放在一起，以表明是他率先发现了这一理论。

达尔文为那本物种大书踌躇不决的另一个重要原因是，他想先把"民科"（民间科学爱好者）的帽子彻底甩掉！尽管他环球科考有很多收获，但他主要是作为一个博物学家和标本采集者为人们所认知，尚未成为某一领域公认的专家。

对此，他的好朋友、植物学家胡克给了他一个很好的建议。胡克的意思是，作为一名生物分类学家，若想被同行们当回事

儿，就必须至少对某一个生物门类无所不知，否则只会被视为"民科"，即便写出来物种大书，恐怕也没人会理睬。

8年时间研究藤壶

达尔文明智地接受了胡克的建议，在1846年至1854年，用了整整8年的时间专心致志地研究一种很不起眼的海生甲壳类无脊椎动物——藤壶。藤壶外表看似贝壳，其实却属于甲壳亚门的蔓足下纲，与虾和蟹的亲缘关系更近。藤壶成体一般固着在岩石上或船的底部，不能自由移动。它们都是雌雄同体，一般一次只能选择一种性别，自体受精的情形很少，绝大多数都是异体受精。那么，一个极为有趣的挑战，就是它们如何交配和繁殖了。当成体充当雄性角色时，因为身体无法移动，如果进行异体受精，那就是眼看着不远处的雌性个体，也是鞭长莫及，只好望"偶"兴叹了……正是这一点引起了达尔文极大的兴趣。后来他发现有的藤壶物种雄性生殖器竟长达身体的8倍！这种超长的交接器，如果不是性选择与适应的结果，那又能作何解释呢？

然而，达尔文在藤壶专著中却异常谨慎。他只做传统生物分类学家的"本分"工作，在家里弄了两台显微镜，一台做解剖用，另一台用作观察、描述及画图。他发表出来的四卷藤壶专著，基本上都是单调的形态描述以及种属分类，没有关于物种可

变性、自然选择和适应方面的微言大义。

整整 8 年，达尔文平均每天至少在藤壶上花 3 个小时的时间，以至于他的儿子误以为普天下的父亲都跟自己的爸爸一样在研究藤壶。有一次，他好奇地问自己的小伙伴："你爸爸在哪里研究藤壶呀？"

而这 8 年研究，都始于达尔文在小猎犬号科考时，从南美海岸采集带回来的一件特殊标本。由于达尔文锲而不舍的精神，通过与世界各地的博物学家交换标本，他收集了当时所有能收集到的现生与化石标本。他研究过的藤壶标本超过 1 万件！他最后完成的关于蔓足亚纲的四卷专著，与他对南美地质学的研究一起，获得了英国皇家学会金奖，这是当时学术界的最高荣誉。他的藤壶研究至今仍然是该领域最重要的经典著作。当然，更为重要的是，达尔文通过藤壶研究认识到了物种之间的相互联系、物种的可变性、自然选择与生物适应性等理论意义。他在《物种起源》中引述藤壶为例，出现在三章里面。这便是他此项工作意义的佐证。

总之，在完成《物种理论纲要》之后的近 15 年间，达尔文继续勤奋工作，不遗余力地搜集支持自然选择学说的方方面面的海量证据。除了研究藤壶之外，他还研究了家鸽、鸡，以及栽培植物等多种家养生物。

达尔文的矛盾

在此期间，他的好朋友莱尔和胡克曾不止一次地催促他尽快发表他的理论。但对于达尔文来说，拿出一个成熟的、无懈可击的理论，远比匆匆发表来得更重要。况且，他是"玩"科学的绅士科学家，又没有"不出版便出局"的职场压力，比起 1844 年那篇文稿来，达尔文手中后来又掌握了支持他理论的大量证据，他要把这些证据与那篇《物种理论纲要》结合起来扩展成一本大

书——《物种论》。到了 1856 年，他终于开始着手写作这本计划中的巨著。

其实，选择这一时间也不是偶然的，这又是莱尔推动的结果。1855 年 9 月英国《博物学杂志》刊载了华莱士《新物种出现的制约因素》一文，而莱尔便是审稿人之一。莱尔敏锐地从中嗅到了华莱士也正在从事跟达尔文相似的研究课题，并可能很快得出相同的结论。出于友情，莱尔再次敦促达尔文抓紧发表自己的理论，以免被他人捷足先登。

对此，达尔文心里极其矛盾。一方面，他不想听从莱尔的建议，把这么重要的理论以及大量相关证据简化成一篇摘要，匆匆发表在学术杂志上——他想要"著书立说"；另一方面，他肯定会为失去发表理论的优先权而后悔、烦恼。他写信给另一位好友胡克，征求意见。胡克基本同意莱尔的建议，让达尔文先发表一个摘要再说。达尔文此时也只好听从两位同行好友的劝告，着手撰写《物种论》摘要。

意外出现

谁知事情的发展竟比莱尔想象的还要快。正在达尔文奋笔疾书的当口，1858 年 6 月的一个上午，达尔文收到了来自马来群岛的一封邮件，内附华莱士的一份手稿。达尔文对华莱士的名字并

不陌生，除了上面提到他 1855 年《博物学杂志》那篇文章之外，达尔文以前还托他采集过标本。达尔文匆匆看完华莱士请他指教的手稿，顿时惊呆了。华莱士的自然选择理论跟自己的几乎一模一样，连所用术语都是如此接近——这种巧合简直让他惊讶。他于 1858 年 6 月 18 日晚给莱尔写了一封信："您的预言惊人地实现了！我从未见过这般巧合，即便华莱士面前摆着我 1842 年的大纲手稿，他也不会写出比现在更相似的摘要来。"

达尔文在信中还表示，华莱士的文稿很值得一读，并建议予以发表。同时，他也流露出痛失优先权的沮丧，毕竟这是他 20 多年的心血啊！

作为当时英国科学界举足轻重的人物，莱尔收到达尔文的信以及随信转来的华莱士手稿之后，赶紧找到另一位科学界重量级人物胡克，商量如何妥善处理这件颇为棘手的事。胡克读罢达尔文的信以及华莱士的手稿之后，也惊讶得"掉了下巴"。他对莱尔说："这样的巧合真是太不可思议了！我十多年前曾看过达尔文 1844 年的文稿，用语跟华莱士这篇手稿惊人的相似，若不是看了达尔文这封信，我还以为华莱士这篇手稿出自达尔文之手呢！"

好朋友出面"摆平"

莱尔问胡克怎么办，胡克略想了一下说："咱俩都了解达尔文

这些年来的研究工作，倘若我们单独发表华莱士这篇手稿的话，那对达尔文太不公平了。因为达尔文得出同一结论时，华莱士很可能压根儿还没想到过这个问题呢！"

莱尔问："您的意思是暂不发表华莱士的文稿？达尔文信中可不是这个意思！另外，我们这样做的话，也不合适吧？尽管我们知道内情，但这不符合常规……"

胡克笑了笑说："我不是那个意思。我的意思是，让达尔文赶快准备一篇摘要，两篇同时发表，两人共享优先权。"莱尔对此拍案叫绝，并说："我记得去年哈佛大学教授格雷给我来信，谈到达尔文曾给他去信，系统介绍过自然选择学说。我们同时附上达尔文给格雷那封信的底稿，以表明达尔文自然选择学说实际上先于华莱士这篇手稿。"

莱尔把跟胡克商定的上述办法写信告诉达尔文，谁知达尔文回信表示："我原本不打算发表摘要的，现在有了华莱士的文稿，我却匆忙发表摘要，这样做是否光明正大呢？我宁愿把我的书稿烧掉，也不愿意看到这样做可能引起华莱士或其他人怀疑我为人卑鄙！我对二位的善意十分感激，但我如果过分在意优先权的话，实际上已经很可悲了……"

最后，莱尔与胡克联名给伦敦林奈学会的秘书写了一封信，并附上华莱士手稿、达尔文物种论摘要以及给格雷的信的底稿，安排将这三份文件在伦敦林奈学会 1858 年 7 月 1 日的会议上宣

读。他们在信中指出，达尔文与华莱士在互不知情的情况下，各自创立了同一美妙学说，解释了物种的出现与存续。二位对此理论均属独创性贡献，他们建议将二人的理论成果提交林奈学会同时发表，应是对科学事业负责的明智之举。林奈学会接受了这一安排，但宣读这两篇论文时，二位作者均未能出席会议。华莱士彼时依然远在马来群岛，达尔文则因为两天前刚痛失幼子，悲伤不已，也未能参会。

会后不久，两人的文章刊发在同期的《林奈学会会刊》上。此后达尔文给华莱士回信，向他通报上述安排，并在信中赞扬他不畏艰难困苦、执着追求科学真理的崇高精神。华莱士则从《林奈学会会刊》发表的文章中，了解到达尔文的工作在深度和广度上均远远超过自己的工作，而对达尔文敬佩不已。他坦承："当我羽衣未丰之时，达尔文已经是知名学者；他为了寻求更多的证据去证明他发现的真理而孜孜以求，不急于为争名而仓促发表自己的理论。我缺乏达尔文先生不倦的耐心、惊人的论辩能力、丰富的博物学知识、设计实验的灵巧以及文笔的清晰和精准。这些品质使达尔文先生成为十全十美的科学家，也是最有能力使这一伟大理论深入人心的人……"

平心而论，后人常常赞美达尔文具有高尚的学术操守，却忘记了在这件事上，华莱士谦逊与大度的美德，实在值得赞颂。

第三章

《物种起源》的诞生

完成《物种起源》创作

此后，达尔文花了 13 个月的时间完成了《物种起源》一书。华莱士在读完《物种起源》之后，对达尔文更加心悦诚服、崇拜之至，称其为生物演化论的创始人，后来他还写了《达尔文主义》一书，书中自称为"达尔文主义者"，并谦虚地说"通过自然选择的物种起源理论，创建之功当属达尔文"。科学史上，不同科学家独立研究取得相同发现的案例并非绝无仅有，但像达尔文与华莱士这样相互间未生芥蒂的情形实不多见。由于两者社会地位的悬殊，后来有人不断地替华莱士"鸣不平"，则纯属好事者所为，与当事人无关。前前后后的一系列事实表明，达尔文及其朋友们没有任何学术失范行为。恰恰相反，跟牛顿与莱布尼兹弟子们之间就发明微积分优先权长期之争比起来，达尔文与华莱士的谦逊美德，堪称科学史上的佳话。

　　还有一件小事，也足以反映出达尔文与华莱士的真诚友谊。一次，有人在华莱士面前盛赞他对自然选择理论的巨大贡献，华莱士不无幽默地说："我最大的贡献就是促使达尔文先生提前公布了他深藏多年的美妙理论。"

500 页的"摘要"！

　　达尔文花了 13 个月的时间才写成的《物种起源》，于 1859 年 11 月 24 日问世，长达 500 页，但他要称其为物种论的"摘要"。他的出版商没有同意。该书第一版印了 1250 册，当天就卖得精光。

　　《物种起源》出版 160 多年来长盛不衰，被翻译成 30 多种语言，在全世界被人们广泛阅读、争论。从问世起它一直饱受争议，却又经受了各种挑战，被公认为是一本"改变了世界进程的书"。它不仅奠定了生命科学这个大学科的理论基础，而且改变了全人类的思维方式、认知方式和行为方式，成为有史以来最重要的科学与人文经典。

　　《物种起源》为什么会如此重要呢？因为它带来的最大的冲击力，无疑是完全否定了"上帝无所不能的创造力"。这种影响远远超出了科学范畴，进而引发了深刻的思想革命。达尔文乘小猎犬号战舰启程时，他跟当时绝大多数人一样，依然相信上帝创

造了世上万物，以及物种一经创造就固定不变了，即"神创论"和"物种固定论"。5年后，他返航归来，心中对此已充满疑问。在其后20多年间，他利用在环球科考期间搜集的大量证据，潜心研究，最终向世人证明：自然界的一切并不是上帝一手创造出来的，也并非一直是今天这个样子；世间所有的生物都是从最初原始的共同祖先类型，经历漫长地质时期演化而来的，连人类自身也是生物演化的产物。

《物种起源》主要说了什么？

《物种起源》主要是在原先《物种理论纲要》的基础上，加入了达尔文多年来搜集的部分证据，以支持他的理论。因此，重点内容主要包括三个方面：

1. 达尔文用大量的证据证明了生物演化这一事实，从而动摇了"神创论"与"物种固定论"等固有信念。

2. 解释了生物演化究竟是如何发生的，新物种是如何形成的。

3. 我们以及我们周围形形色色的生物是如何适应千差万别的自然环境的。

世界上不同的民族和文化，都有各自关于人类起源的神话传说。中国古代有女娲造人的神话传说，而西方基督教世界则有

《圣经·创世纪》讲述着上帝造人以及世间万物的故事。创世纪里记载的上帝用了 6 天时间创造出世间万物，后世神学家则推算认为这件事情发生在 6000 多年前。而且多数神学家认为，造物既然反映了上帝的旨意，那么除非个别案例下上帝直接干预，否则它们自己是不会发生变化的。这就是"神创论"与"物种固定论"。

当然，这只是一种神话传说，或者说是人们的一种信仰。然而直到 19 世纪上半叶，西方基督教世界的大部分人都牢固地秉持这一信念。达尔文自然也不例外，况且他在剑桥大学攻读的是神学，原本打算当牧师的。他在剑桥熟读的经典之一，就是佩利的《自然神学》，其中最有名的是他用手表做类比，以证明造世主的存在。

没有设计者的精巧"设计"

佩利的手表类比，在逻辑上几乎是无懈可击的。他说，如果你走在路上，不小心踢到了一块石头，你不会追问它是怎么来的。可是，如果你踢到的是一块手表，就肯定会纳闷它怎么会出现在那里——因为它不是大自然的产物，一定是由某个钟表匠制造出来，又不知被什么人不小心丢失在了那里。因此，佩利就推论说：手表上每一个被加工的迹象，每一个精巧设计的表现，也同样存在于自然产物之中；既然手表肯定是钟表匠设计和制造的，

那么大自然也应有一个创造它的智能设计者——这就是上帝。信奉"神创论"的人们总是会借用这个逻辑津津乐道，用自然产物（比如我们的眼睛）的精巧来赞美上帝的高明。

而达尔文在《物种起源》里，就以动物眼睛的起源和演化为例，令人信服地说明了我们的眼睛从外表看起来是经过精巧"设计"的，但其实是自然选择的结果。它的背后并不存在上帝这一智能设计者！近些年来，西方的"科学创世论"者们，又搬出佩

利的上述逻辑来"证明"神创论是科学的。进化生物学家们再次用《物种起源》里达尔文的论述来驳斥他们。此外，达尔文的论证并不是就事论事的，他在环球科考中观察到的许多现象，也使他对上帝的存在产生了深刻的怀疑。

南美洲的化石及奇怪的现象

佩利有关手表的类比与推理，达尔文起初也是深信不疑的。毕竟常识告诉我们：如果有的东西外表看起来像个鸭子、走起路来像个鸭子、叫起来也像个鸭子的话，那么它极有可能就是鸭子。

然而，5 年环球科考途中所见的一切，却令达尔文对这一常识性的直觉感到十分困惑。比如，达尔文初到南美时，发现那里现已完全灭绝的大懒兽等化石与现生的树懒十分相似。他还发现，在巴西的洞穴里，有很多灭绝了的物种，其个头大小与骨骼形态，跟现生的物种也十分相近。同样，当他到了澳大利亚，发现那里的哺乳动物化石也与现生的有袋类很相似，而与其他大陆上的化石或现生哺乳动物完全不同。

如果这些动物都是上帝创造的，为什么上帝在同一个地区两次创造同一类动物？既然第一次创造的动物灭绝了，那至少说明上帝最初的"设计"是不太成功的，为什么不加以改进却再次创造与前一次相似的类型呢？达尔文据此推断：物种也许并不是固

定不变的，而是经历了逐渐演化，这些化石中的一些物种或许就是现生物种的祖先类型。

果真如此的话，会不会有另一种可能呢：也许上帝这样的造物主压根儿就不存在？！

达尔文还观察到另外一些奇怪的现象。在南美拉普拉塔平原上，连一棵树都见不到，却能见到一种啄木鸟：它的身体结构，甚至色彩、粗糙的音调及波状的飞翔姿态，都与我们在其他地方常见的啄木鸟非常相似；然而，它却是一种从未爬上过树的啄木鸟！同样，生于高地的鹅，尽管脚上长着蹼，却生活在干燥的陆地上，很少或从未下过水；脚趾很长的秧鸡，竟然生活于草地之上而非沼泽之中。

这些现象引起达尔文深思，也许它们身上这些特征都是从祖先种类那里继承下来的，虽然后来生活环境和习性改变了，但身体结构的变化却有些滞后，还没来得及彻底改变。否则，上帝怎么会在这种地方创造出这样"蹩脚"的动物呢？

还有一些其他看

似反常的现象。长颈鹿的尾巴看起来像人造的苍蝇拍，这样一个驱赶蚊蝇的小玩意儿，会不会是经过演化变得越来越好的呢？毕竟在南美，牛和其他动物的分布和生存很大程度上取决于它们抗拒昆虫攻击的力量。无论用何种方式，那些能够防御这些小敌害的个体，就能扩展到新的牧场并因此获得巨大的生存优势。虽然这些四足兽不会被苍蝇直接消灭，但如果不停地被这些小玩意儿骚扰，体力减弱，会更容易染病，或者在关键时刻由于体力不足，不能顺利地找寻食物或者逃避野兽的攻击。

达尔文还注意到一个十分有趣的现象：在南美大陆的南北两端，鸵鸟以及其他一些动物都存在着一定的差异。为什么在不同的区域同样的生物会有着明显的差异？他后来在加拉帕戈斯群岛找到了这一问题的答案。

加拉帕戈斯群岛的启示

加拉帕戈斯群岛（又称科隆群岛）是达尔文环球科考中最著名的地方。该群岛位于赤道附近，距离南美洲海岸约 800—1000 千米。那里陆上与水中的几乎每一种生物，都带有明显的南美大陆的印记。

比如岛上的 26 种陆栖鸟（即达尔文地雀，数字引自《物种起源》原著，下同）中，有 25 种被鸟类学家古尔德认定为是土生土长的不同物种，然而它们中的大多数，均与南美洲的地雀有密切的亲缘关系。其他动物（如陆龟）以及几乎所有的植物，也是如此。

一个博物学家，在远离大陆数百千米的这些太平洋火山岛上观察生物时，却如同置身于南美大陆上。为什么加拉帕戈斯群岛的土著物种跟南美大陆的物种如此相似？

达尔文发现，在距离非洲比较近的佛得角群岛与非洲大陆的生物之间也有类似的相关性。

一方面，加拉帕戈斯群岛在生活条件、地质性质、高度或

气候等方面，都与南美沿岸的相应条件大不相同，但有相似的生物；另一方面，加拉帕戈斯群岛与佛得角群岛，在土壤的火山性质方面，气候、高度与大小等环境条件方面，有相当大的相似性，但岛上的生物却完全不同。

达尔文相信，神创论的观点是难以合理解释上述事实的。很明显，加拉帕戈斯群岛很可能接收了来自南美的移居者，而佛得角群岛则接收了来自非洲的移居者；各自生物的原始诞生地不同。

达尔文地雀

在加拉帕戈斯群岛的几个岛屿上，尽管每一个单独岛屿上的生物都有一定的独特性，但彼此之间的亲缘关系十分紧密。这大体符合常识推论，因为这些岛屿彼此距离很近，很可能会从相同的"原产地"接收移居者。可是真正令人惊异的是，在不同岛屿形成的新物种，并没有迅速地扩散到邻近的其他岛上。这些岛屿之间尽管"鸡犬之声相闻"，却被很深的海湾隔开——这些海湾大多比不列颠海峡还要宽，这些岛屿从前也从未相连过。各岛之间的海流急速且迅猛，大风又异常稀少，因此彼此之间的隔离度相当大。

达尔文由此推断，最初南美大陆上的一些地雀可能被大风吹到了加拉帕戈斯群岛的各个小岛上，它们在这些小岛上扎根之

后，因为食物来源的不同，不同小岛上的鸟慢慢地演化出不同特征以适应各自的食性。比如，在有的小岛上，地雀的主要食物是坚果或坚硬的种子，它们的喙就慢慢变得粗大，像胡桃夹子一样，能够把坚果或种子更容易地压碎；而在有的小岛上，地雀的主要食物是昆虫，它们的喙慢慢变得细长，更利于捉住虫子。因为各个小岛间几乎处于相互隔离的状态，长此以往便形成了如今不同的小岛上生存着不同地雀的情况。

其他方面的证据

《物种起源》中类似的观察与推理，不胜枚举。除了化石证

据与生物地理分布方面的，还有大量分类学、形态学（包括动物体内残迹器官）以及胚胎学等方面的。

比如，用于抓握的人手和用于掘土的鼹鼠前肢，用于爬行的龟腿和用于游泳的鲸的鳍状肢，以及用于飞翔的鸟和蝙蝠的翅膀，为什么竟都是由同一型式构成，而且包含着相似的、处于相同相对位置的骨头？达尔文指出，正是由于各类脊椎动物起源于一个共同祖先，才形成了这种现象。这足以证明脊椎动物拥有共同祖先。有意思的是，这一现象最早是由达尔文同时代的英国解剖学家欧文发现的，并提出了"型式的统一性"。然而，由于欧文是坚定的神创论者，他把这一现象归功于上帝的"杰作"。达尔文横空出世，纠正了欧文的错误，并以之作为他的生物演化论的有力证据。

达尔文认为，胚胎的相似性也是某些动物从同一祖先演化而来的证据。同一个体的某些器官，在胚胎期一模一样，成熟后才变得大不相同，并且服务于不同目的。同一纲内不同动物的胚胎，也常常是惊人地相似，比如蛾类、蝇类以及甲虫等蠕虫状的幼体，彼此间远比成虫更相似。动物学家阿格塞有一次忘记给装有某一脊椎动物胚胎的瓶子加上标签，过后竟无法辨识它究竟是哺乳动物的还是鸟类的，或是爬行类的胚胎。

退化、萎缩或发育不全的残迹器官在自然界中极为常见。比如，哺乳动物的雄性个体普遍具有退化的乳头；在蛇类中有些肺

的一叶是退化的，有些存在着骨盆与后肢的残迹。有些退化器官的例子极为奇怪。比如，大部分鲸的胎儿生有牙齿，而当它们成年后连一颗牙齿都没有；未出生的小牛的上颌生有牙齿，但从不穿出牙龈之外；某些鸟类胚胎的喙上，仍有牙齿的残迹，成年后则完全消失了；翅膀是用于飞翔的，然而很多昆虫的翅膀常常位于鞘翅之下，萎缩到根本不能飞翔。达尔文据此推论，退化与残迹器官可以与字词中的一些字母相比拟，它们虽依然保存在拼写中，却不发音了；但这些无声的字母却可用作追寻词源的线索。

第四章

自然选择学说

"自然选择"原理

达尔文在《物种起源》中罗列了海量的例证，为万物共祖、生物演化学说提供了令人信服的证据。这就引出了新的问题：生物演化究竟是如何发生的？新物种是如何形成的呢？

对这一问题的解答，是达尔文一生最大的贡献，也是生物演化论最具革命性的内容——"自然选择"原理。表面上看，"自然选择"原理似乎十分简单。生物（包括人）不同个体之间，或多或少都会有些差异——世界上没有两片树叶是完全相同的。这些差异是变异造成的，其中大多数变异是遗传的，有些变异会影响到生物体的生存与繁殖能力，有的变异产生好的影响，也有的变异产生坏的影响。同时，自然界的资源是有限的，为了争夺有限的资源，生物之间会为生存而殊死搏斗。那么，具有"好"的变异的个体，存活的机会就更大，留下的后代也更多。长此以

往，有益的变异得以扩散，有害的变异则被清除，最终使留存的生物具备更能适应其生活环境与生存方式的特点。达尔文称这一过程为"自然选择"。

　　最简单也是最有名的例子就是长颈鹿脖子的演化。一般认为是法国博物学家拉马克最早提出，长颈鹿之所以进化出长脖子，是为了吃到一般植食动物够不到的树冠高处的树叶而不断拉伸脖子的结果。拉马克认为，由于长颈鹿长期保持这种生活习性，故前腿渐渐地变得比后腿长，脖子也逐渐拉长；经过世代相传的拉伸，长颈鹿便进化出长脖子了。但是后来人们证明，这种通过反复使用而获得的性状是不能遗传给下一代的（就像运动员通过锻

炼获得的发达肌肉不能遗传给下一代一样），因此拉马克的假说是不能成立的。不过，近年来表观遗传学研究进展显示，拉马克学说也并非一无是处。

按照达尔文自然选择学说，长颈鹿的长脖子是这样演化而来的：一对长颈鹿生下几只小长颈鹿，它们的脖子有长有短。这就叫个体变异，而且很多个体变异会遗传。当树叶不够吃的时候，脖子长的长颈鹿占了优势，可以吃到更高处的树叶，而脖子短的

只好望"叶"兴叹。最终，脖子短的长颈鹿饿死了，脖子长的活了下来，并留下了后代。这就是自然界的生存斗争。经过生存斗争的淘汰之后，脖子长的长颈鹿生存下来，并留下越来越多的后代。长久下去，长颈鹿的脖子变得越来越长。这个过程就叫自然选择。

当自然选择遇上"日积月累"

达尔文不仅提出了自然选择的原理，而且向世人展示了自然选择在生物演化中无与伦比的力量：自然选择每时每刻都在满世界地审视着哪怕是最轻微的每一个变异，清除"坏"的，保存并积累"好"的；随时随地，一旦有机会，便默默地、不为察觉地工作着，改进每一种生物跟周围环境之间的关系。也正是自然选择作用的累积，导致后代与其原始祖先之间的差异越来越大（即达尔文在《物种起源》中提出的"性状分异"），以至演化出新的物种。

在达尔文之前，几乎没有人能反驳如下观点：一个东西，如果看起来像是设计过的，那它一定就是设计过的，比如手表的例子。这个推理的逻辑似乎无懈可击，达尔文却看出了破绽。达尔文发现，直觉在这里是错误的，除了随机组合和人为设计之外，还有第三种选择——累积的自然选择。只要有一点点细微的改

善，自然选择就会找到它、利用它，用时间让演化达到那些似乎难以企及的目标和复杂性。

通过自然选择发生的生物演化，是个集腋成裘的过程。开始的时候差异很小，后来经过长期累积差异越来越大，直至形成了不同的物种。这个过程又称分异原理。分异原理如何应用于自然界呢？让我们看两个例子。

分异原理的实例

在任何一个地区，都有某一种肉食四足兽类的数量很容易达

到饱和的情况。这是因为它们要通过捕食其他动物生存，而这些食物资源是有限的。这时这些兽类的后代就必须通过变异，去夺取其他动物目前所占据的生存空间。比如有些兽类会改变猎食对象，活的也吃，腐肉也吃；有些能生活在新的处所，或者上树，或者下水；有些干脆改变食性——少吃肉，或者像大熊猫那样干脆改吃竹子。这些肉食动物的后代，在习性和构造方面变得越多样化，它们所能占据的生存空间也就越多。

植物也一样。同样大小的两块地上，如果一块地只种一种小麦，另一块地混杂种几种不同变种的小麦，那么后者会长出更多不同变种的小麦，结果平均产量也比前者高。

任何一个物种的变异后代，如果在构造、体质、习性上越是多样化，它们就越能在数量上增多，越能侵入其他生物所占据的位置，越能丰富生物多样性，在生存斗争中便越成功（在投资上，这叫莫把鸡蛋放在一个篮子里）。

生命之树

按照自然选择理论，只有适者才能在生存斗争中得以生存和繁衍，之后根据分异原理，日积月累的自然选择效果成为生物多样性的由来。这样看来，原来生物界中的万物都是从同一个老祖宗那里来的！达尔文就根据"共同祖先"这一概念，画出了"生

命之树",来描绘生命演化的宏观图景。

达尔文把灭绝的祖先类型比喻为树根和树干,每一个主要类群(如纲、目、科等)好似大小不一的枝条。现生物种只是树上的一些嫩枝、绿叶和新芽;枯枝落叶则代表灭绝物种,其中有一些保存成了化石;树冠代表当今地球上的生物多样性。"生命之树"是对生物演化的绝佳概括。

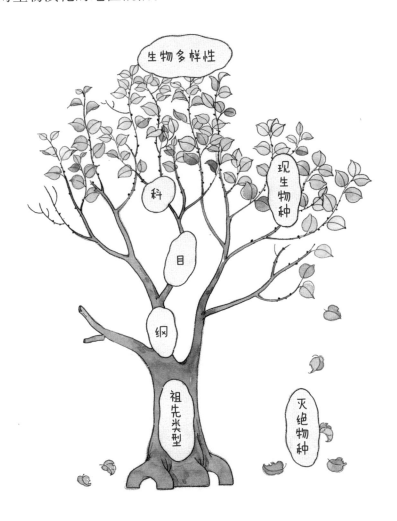

　　除了推翻"神创论"之外,《物种起源》又为生物演化提供了自然选择这一非神力干预的机制,还揭示了生物多样性与万物共祖是生命演进同一硬币的两面。更难能可贵的是,达尔文在当时的科学认知极端有限的情况下（即现代遗传学诞生之前）,便正确地认识到遗传与变异在生物演化过程中扮演的角色。

第五章

遗传与变异

什么是遗传？

　　你们一定照过镜子吧？你们有没有感到奇怪：镜子里的你，为什么看起来会那么像你的爸爸或妈妈呢？你们先别笑，这里面的学问可大着呢！我大女儿去美国的时候刚满 5 岁，有一天她从幼儿园放学回家，站在穿衣镜前愁眉苦脸，问我："爸爸，爸爸，为什么我长得跟班里的同学们不一样？他们都是金黄色头发、蓝色的眼睛，鼻子高高的，为什么我是黑头发、黑色的眼睛，鼻子也不高？"我说："那是由于遗传，他们的父母是白种人，长得就是那个样子，他们继承了父母的长相。咱们是龙的传人，就应该长成这个样子。"她的脸上依然满是困惑，我继续说，"咱们中国有两句古话：一是'龙生龙，凤生凤，老鼠生儿会打洞'；二是'种瓜得瓜种豆得豆'。英国人也有类似的说法，叫作'同类生同类'。你看，早在现代科学发展之前，人们就注意到了'遗传'

这一现象。"但遗传究竟是如何发生的呢？

在《物种起源》里，达尔文明确地认识到遗传在生物演化中扮演了关键角色；他甚至用了"龙生龙，凤生凤"这一俗语。但是有一个十分关键的问题，他当时没有弄明白，即遗传究竟是如何发生的？这个问题困扰了他的余生。

孟德尔的发现

其实在达尔文生前，就已经有人发现了这个问题的答案，可惜达尔文当时并不了解。这个人就是遗传学奠基人，被称作"遗传学之父"的孟德尔。孟德尔是捷克一座修道院的牧师。他在修

道院的花园里进行了8年多的豌豆杂交实验，发现了"遗传因子"的存在，即我们现在熟悉的名字——基因。遗憾的是，当时并没有什么人认识到孟德尔发现的重要性。它被埋没了30多年，直到1900年，生物学家通过大量的动植物杂交实验，才重新发现并验证了孟德尔的发现，尤其是认识到它在生物演化上的普遍意义。同时，新兴的细胞学研究发现了细胞核中染色体的存在，进一步证实染色体就是生物遗传物质。那么染色体是什么呢？

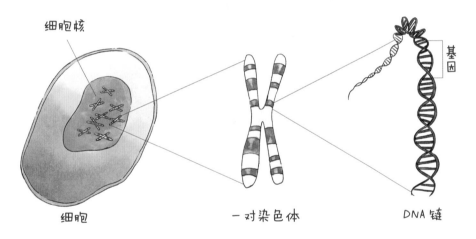

上图中间的条状的部分就是染色体。图的左侧显示的是生物细胞，每个细胞都像桃子一样中间有个桃核，叫作"细胞核"。染色体就存在于细胞核中，每个细胞核中都含有许多条状的染色体。我们人体的每个细胞中有23对染色体。前22对染色体，男女都一样。最后一对，男女不同，称作性别染色体。人体的23对染色体，一半来自爸爸，一半来自妈妈，上面分别承载着爸爸或妈妈的遗传特性，这就是宝宝会长得像爸爸妈妈的原因。

在染色体中，装着咱们遗传信息的是许许多多的双螺旋结构的线状物质，叫 DNA（脱氧核糖核酸）。上图的右边显示的就是 DNA，而我们熟知的基因，实际上就是 DNA 的片段，上面包含各种遗传指令。

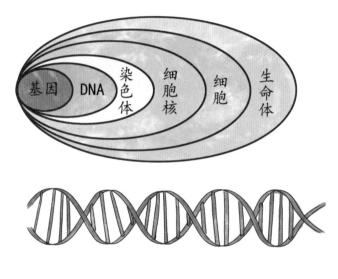

什么是基因？

基因是遗传的单元，决定了我们的很多特征（或性状），比如我们的肤色、眼睛的颜色、身材的高矮等。连宝宝的脸上有没有小酒窝，也是由基因决定的。因此，DNA 或基因的差异也使所有的生物都有差别。

比如，人体有一对基因是控制眼睛颜色的。一个男孩从父母那里分别遗传下来的基因都是产生蓝眼睛的话，那么他肯定是蓝眼睛。如果来自父母一方是蓝眼睛的基因，而另一方是黑眼睛

的基因，那么这个男孩会是黑眼睛，因为黑眼睛的基因相对比较"强势"。不过，请记住，这个男孩身上仍然带有一蓝一黑的基因。如果这个男孩将来把蓝眼睛的（而不是黑眼睛的）那个基因遗传给了自己的子女，而他的子女从母亲那里遗传下来的也是蓝眼睛的基因，那么他的子女就又是蓝眼睛了。这是因为他的子女从父母双方那里遗传来的一对基因，都是产生蓝眼睛的。这就是为什么有时候子女眼睛的颜色会跟父母的相同，有时候又不同。你们说神奇不神奇？

　　这就是遗传的结果。但是如果基因只是忠实地遗传，会怎么样呢？大家想象一下：如果基因只会遗传，那么世界上恐怕所有

的人长得一模一样，张三李四分不开，谁也认不出谁来，那世界还不乱了套？但是现在，我们看每一个人都不一样，我们常说"一母生九子，九子各不同"，就连双胞胎，也不会完全一模一样。一树结果，酸甜各异。同一株花生的果实有大果和小果。在自然界里，根本找不到相同的两片树叶。这些差异又是怎么造成的呢？

基因在传递的过程中不仅会遗传，还会变异。基因在遗传过程中会产生变异，又称作基因突变。比如父母肤色正常，孩子却由于分管肤色的基因发生变异，生出白化病（即皮肤及附属器官黑色素缺乏）。由于遗传的因素，这种因为基因突变导致病态的现象还会出现在同一家人的好几代人身上。如果连这样稀奇古怪的特征都会遗传的话，那么常见的特征自然也会遗传了。因此，

遗传是规律，不遗传才是例外；生物遗传的倾向性很强，这一认识是被普遍接受的。

总之，遗传与变异是生物演化的左膀右臂，缺一不可。没有遗传的话，生物就不能传宗接代。因而，遗传确保了生物物种的世代连续性。而没有变异的话，生物演化就不可能发生。所有生物就都还保持最初那个样子，地球上就不可能有今天这样丰富多彩的动植物。因而，变异确保了物种的可变性，使得地球上的生物多样性成为可能。所以说，基因扮演的这一双重角色，对我们揭开生命演化历史的奥秘极为重要。若是没有基因的遗传和变异的话，生物演化就不可能发生并持续下去。这是因为，如果变异不能传递下去，生物演化的接力赛就找不到下一棒的接棒者，也就跑不下去了，那么生物演化就停滞了！正如达尔文所强调的，任何不遗传的变异，对于演化来说，都不重要。也就是说，变异的特征只有通过基因遗传给后代，生物演化才可能发生。

家养状态下的变异

由于当时绝大多数人相信世界上每一种生物都是上帝单独创造出来的，因而一般的育种者也相信，每一种家养的动物或栽培植物，都有自己的野生动物或野生植物祖先。然而，达尔文发现：相似家养生物的不同品种之间，有着世系上的联系；也就是

说，它们是由同一种野生品种，经过人们的选育而产生的。比如，我们平常吃的花椰菜、绿花菜（西蓝花）、甘蓝（卷心菜）、苤蓝（大头菜）和羽衣甘蓝（一种沙拉中常用的蔬菜）等蔬菜，都是人们按照自己的喜好，从同一种野生甘蓝中特意选择某些花或叶或根比较发达的个体留种，利用个体变异，一代一代地精心选择培育出来的。所以，经过很多世代之后，有的品种的花变得越来越大，最终就变成了花椰菜；有的品种的叶子变得越来越大，最终就变成了卷心菜；有的品种的根变得越来越大，最终就变成了大头菜。

同样，宠物和家畜这些经过人们驯养的动物，跟它们野生祖先的外表很不一样。比如我们最忠实的朋友——狗，现在就有

340 多个不同的品种！人们根据自身的喜好，把它们培育成不同大小、不同形状、不同颜色，甚至于不同才能。而所有这些品种，在很久以前都来自同一种野生的灰狼。

达尔文还研究了家鸽。也许它们外表上看起来很不相同，但是达尔文知道，和狗的情形一样，所有的家鸽都属于同一个物种。他在《物种起源》里写道："尽管不同品种的家鸽之间的差别很大，但是我坚信博物学家们的共同看法是正确的，即它们都来自岩鸽。"

和宠物一样，家畜以及花园里的花，跟它们的野生祖先之间也大不相同。这主要也是人工选择的缘故。农夫会选择产奶多的奶牛、下蛋多而好的母鸡、毛最温暖并且最容易纺织的绵羊来进行交配和繁殖。花匠们会让那些花朵又大又漂亮的植株生长，而把花朵小而丑的植株像野草一样拔掉。

达尔文用上述例子表明：生物身上微小的变异，经过长期的积累，足够造成五花八门的不同品种。过去人们相信同种生物之间的差异很小，但通过达尔文在书中的展示可以看到，这些看似微小的差异经过长期的人工选择和积累，会产生十分惊人的差异。

达尔文指出，家养生物的显著特征之一，是我们在它们身上看到的适应性。这种适应性确实不是为了动物或植物自身的利益，而是为了适应人的使用或喜好。其中关键在于人类的积累选

择的力量。自然给予了连续的变异，人类在对已有用的某些方向上积累了这些变异。从这一意义上，可以说是人类为自己打造了有用的品种。达尔文把这种选择培育的方法，称作"人工选择"。

自然状态下的变异

跟家养生物一样，野生物种也会发生变化；这些变化也是由个体变异引起的。换句话说，即使没有任何人工干预，野生生物个体间也都会有细微差异。有些差异无关紧要，有些差异一点儿好处都没有，有些差异却对生物的存活有帮助。

达尔文在环球科考时曾注意到，加拉帕戈斯群岛上的地雀长着不同大小与形状的喙（嘴巴）。不同的喙适合啃咬不同的食物。比如，大嘴巴适合压碎坚硬的种子，小嘴巴适合吃软一些的种子，长而尖的嘴巴适合撕开仙人掌的花，而能夹住小木棒的嘴巴适合探测和寻找昆虫。然而与家养生物不同的是，这种差别不是经过人工干预积累起来的，而是自然界用它那只看不见的大手，在选择、积累和保存着那些对生物个体有益的差异。

因此，达尔文展示了野生物种在自然状态下也出现很多可以遗传的变异，他强调："这些个体差异，对于我们来说太重要了，因为它们为自然选择的累积提供了材料，恰如人类在家养生物里朝着任一既定方向积累个体差异那般。"

　　达尔文注意到，当一位青年博物学家开始研究一个十分陌生的生物类群时，最初可能会感到极为困惑；因为他对该类群发生的变异程度和变异种类等一无所知。那么，把什么样的差异看成是不同物种之间的差异，又把什么样的差异看成是同一个物种内的不同变种之间的差异呢？产生这种困惑至少表明，生物发生某种变异，简直是家常便饭。

　　因此，在达尔文看来，变种、亚种以及物种之间之所以难以区分，就是因为它们之间并没有非此即彼的显著界限，这正说明了物种的可变性，而不是像《圣经》上所说的那样，每一个物种都是上帝独立创造出来的，而且一经创造亘古不变。

　　达尔文还认为，个体差异是迈向轻微变种的第一步，而具有较为显著的和较为永久的差异的一些变种，是迈向更为显著及更

为永久的一些变种的步骤；更为显著及更为永久的一些变种，则是走向不同亚种甚至走向不同物种的步骤。总之，这些环节之间，实际上是一个从量变到质变的过程。

比如，在中国，现在的华南虎和东北虎属于同一个物种，随着时间的推移以及它们之间的差异越来越大，将来会成为两个不同的物种。同样，今天的亚洲象和非洲象，在遥远的过去，它们的远祖还是同一个种；后来两者之间的差异越来越大，现在非但不是同一个物种，而且是不同的属（即差别比不同的种还要大得多）。因此，物种不是固定不变的，这些变化都是自然选择驱动下生物演化的结果。

第六章

生存斗争与自然选择

生存斗争

在达尔文生活的维多利亚时代，英国大多数人信奉宗教，人们普遍认为：在仁慈的上帝关爱下，普天下皆为乐土，世间总是岁月静好。然而，大自然看起来美丽富饶，但在荒野中求生，对任何物种都不是一件容易的事儿。很多物种逃不过猎食者的追杀，或者找不到合适的生存环境。

"大鱼吃小鱼，小鱼吃虾米"，自然界充满着血腥争斗，死亡与毁灭时刻发生。动物之间竞争食物与住所，因为食物与住所是它们生存与繁殖的必需品。在荒野中求生，是一场残酷的斗争，只有适者才能成功。达尔文指出："我估计，我家周边五分之四的鸟类都没有熬过1854—1855年的冬季，它们不是冻死就是饿死了。"

达尔文除列举了大量人们熟悉的身边例子之外，还巧妙地把

生存斗争归结于一个显而易见的数学问题：物种个体的指数增长与有限资源之间不可调和的矛盾。他指出："生物自然增长率极高，如果不控制的话，地球上很快会布满一对个体的子孙后代。"比如，虽然大象在已知动物中是繁殖最慢的，然而假如一对大象的繁殖不受限制的话，500年之后，它们的后代数量就会高达1500万！

　　每一种生物的个体在一生中都会产生许多卵或种子，但这些生物一定会在生命的某一个阶段遭到灭顶之灾。即使刚出生的个体也不可能都存活下来，否则地球上就没有足够的食物给它们吃，也没有足够的空间给它们住了。结果大家为了争夺有限的资源，就会进行殊死的搏斗，达尔文称之为"生存斗争"。

自然选择的两个要素

自然选择包括两个要素：1. 物种中存在着丰富可遗传的变异；2. 自然界生物之间存在着惨烈的生存斗争。在这一过程中，自然选择担负起筛选任务，通过严格筛选的适者，才能得以生存。

在生物这些可遗传的变异中，有的帮助动物在荒野中生存，有的帮助它们躲避敌人，有的帮助它们捕食猎物，有的帮助它们活得更久或留下更多后代。那么，这些有益的差异就会慢慢积累下来，并遗传给后代。这一自然选择过程带来的直接后果就是物种总是努力适应它周围的环境。

由于生物之间有着激烈的生存斗争，生物对环境的适应性（包括跟其他生物之间的关系），必须达成一种平衡。而"这种平衡中的一星半点变化，将会决定哪一个个体生，哪一个个体死，哪一个变种或物种将会增长，哪一个变种或物种将会减少或最终灭绝"。

比如，桃园中有两种桃树，由于象鼻虫喜欢吃表皮光滑的黄桃，结果黄桃树受象鼻虫侵害就比较厉害；而长着毛茸茸的粉红色桃子的桃树，相对比较少地受到象鼻虫侵害，因此能更好地繁殖以及增长。久而久之，果园里的黄桃树便越来越少了。

此外，经过漫长时间，一点点的小差异积累起来，会使一个

物种产生很大变化，进而成为一个全新的物种。达尔文认为，这一过程极为缓慢，历经千百万年。这就是为什么我们肉眼很难看到演化正在发生。

在不同的环境条件下，狼使用不同的方法，捕食不同的动物：对有的动物，它使用狡计；对有的动物，它施展力量；对有的动物，它以快捷来征服。

在美国卡茨基尔山脉，栖息着狼的两个变种：一种身材轻快，是在山地捕食鹿的；另一种身体庞大、腿较短，它们生活于低地，常常袭击山脚下村庄里牧民的羊群。

在狼猎食最艰难的季节里，山地上的小动物已很少，只剩下像鹿一类极为敏捷的猎物。在这种情形下，只有长得细长、跑得最快的狼才能抓到鹿，也才有更好的存活机会。因此，这样的狼就得以保留，或者说是被选择了。即使狼捕食的动物不只有鹿，

也可能会有那么一只小狼崽生来就喜欢捕鹿。那么，如果这种习性上的细微变化对这只狼有利，这只狼就极有可能存活并留下后代。它的一些幼崽大概也会继承同样的习性，并不断地重复这一过程，就形成了身体细长、轻快善跑的变种。

而那些生活在低地的狼，主要是袭击家养的羊群，一般无须跑得特别快，因此保持了较为庞大的身躯和较短的腿。这样一来，由于山地的狼与生活在低地的狼捕食不同的动物，因而连续地保存了最适应各自生活环境的个体，便逐渐形成了两个不同的变种。

环境变化在自然选择中的作用

环境在自然选择中充当了筛子的角色。生物所处的环境不断变化，为了更好地适应新的环境条件，生物在自然选择原理的驱动下不停地演化，使自身与周围环境更加协调，以利于生存与繁衍。结果就是，在千差万别的不同环境中演化出五花八门的不同生物类型。原来今天地球上的生物多样性，是亿万年来自然选择驱动生物适应环境的演化结果。

由于所有生物都极力在大自然中争夺一席之地，那么，任何一个物种，如果不能跟竞争者一样，发生相应程度的变异和改进的话，它的未来就是惨遭淘汰。只有比竞争对手更好地适应生存

环境，才更有可能获得存活及繁衍后代的机会。

有利于生物在特定的环境中生存与繁殖的特征，则称作"适应性特征"。比如，鸭子与鹅的脚上用于划水的蹼、海象身上抵御寒冷的厚皮、河马的鼻孔位于吻的顶部、鱼类及水生哺乳动物的流线型体形、鸟类与飞行哺乳动物中空的骨骼、蝙蝠飞行中依靠的回声定位能力、变色龙的皮肤能够随着周围环境的变化而变色、长颈鹿的长脖子、我们智人的两足直立行走等，都是适应的例子。

昆虫与植物的协同进化

传粉昆虫的口器对其造访植物花管的适应，是最令人叹为观止的！比如，蜂类是靠口器上的长吻从花朵的管形花冠底部吸食花蜜的。普通红三叶草和肉色三叶草，它们的管形花冠的长度，乍看起来差不多，但红三叶草的花管比肉色三叶草的要稍长一点儿。因而，蜜蜂能很容易地吸取肉色三叶草的花蜜，却吸不到红三叶草的花蜜。只有野蜂才能吸食到红三叶草的花蜜，因为野蜂比蜜蜂的吻稍长一些。所以，尽管红三叶草漫山遍野，供应着源源不断的珍贵花蜜，蜜蜂们却无法享用，因此也不去访问。所以，如果蜜蜂的吻稍长一点，或者红三叶草的花管稍短或顶部裂得较深一点的话，蜜蜂便能吸食到它的花蜜了。因此，通过连续

保存具有互利的构造变异，花和蜂类之间就能相互适应到完美的程度。

兰花吸引昆虫及其他动物为它传粉，演化出的各种装置及策略简直出神入化。有的兰花外表乃至气味酷似雌性昆虫，即"假扮新娘"；有的兰花酷似昆虫产卵的场所，诱惑雌性昆虫前来产卵，借此为其传粉，被称之为"假扮产房"；还有的兰花酷似雌性昆虫栖居地，以吸引雄性昆虫前来交配，达到为其传粉的目的，被称之为"假扮闺房"。兰花还有"食诱"，即通过各种虚假的外表（比如假花粉、假蜜腺等），诱惑觅食的昆虫来访，为其传粉。

最为神奇的是，达尔文通过自己的研究，竟能根据兰花结构推测出传粉昆虫的类型。1862 年，达尔文收到了一种原产于马达加斯加的兰花——大彗星兰标本。它的白色花瓣呈星状排列，最令达尔文惊诧不已的是，它有约 29 厘米长的花距（从花口到底部的距离）。而花蜜一般位于底部 4 厘米左右处，这就意味着要想吸食到花蜜，昆虫或蜂鸟的喙至少要长达 25 厘米！达尔文惊呼："我的天哪，什么样的怪物才能吸食到此花的花蜜呢?!"随后，达尔文根据自己的自然选择理论做出了大胆预测：在马达加斯加岛上，一定有一种喙长至少达 25 厘米的昆虫。当时的昆虫学家们有不少人对此持怀疑态度，尤其是那些并不相信达尔文学说的人。不过，达尔文的预测得到了博物学家华莱士的大力

支持。

　　华莱士是达尔文自然选择学说的共同提出者。华莱士还做出了进一步的预测，他认为这种昆虫应该类似于他在东非见过的天蛾。他热情鼓励将赴马达加斯加岛考察的博物学家们，建议他们到了岛上之后，要像天文学家寻找海王星那样去满怀信心地寻找这种长喙天蛾。1873 年，《自然》杂志报道，在巴西发现了喙长 25 厘米的天蛾。到了 1903 年（距达尔文最初预测时过 41 年），终于有人报道了马达加斯加的一种喙长达 30 厘米的天蛾！这种

天蛾与华莱士在东非洲所见的天蛾属于相同物种，后来被命名为一个新亚种"预测天蛾"，以纪念达尔文与华莱士的预测。此后，人们也往往把大彗星兰俗称为达尔文兰花。

达尔文在《物种起源》里还举例说明了蜂与花之间复杂的关系。

有些植物分泌一种甜液，显然是为了排除植物体液里的有害物质：譬如，某些豆科植物用托叶基部的腺体来分泌这种液汁，普通月桂树则通过叶背上的腺体来分泌。这种液汁的量虽少，却为昆虫贪婪地追求。假设一种花的花瓣的内托体分泌出一点甜液或花蜜，在这种情形下，寻求花蜜的昆虫就会沾上些花粉，并往往会把这些花粉，从一朵花带到另一朵花的柱头上去。因此，同种的两个不同个体的花得以杂交；由于这种杂交能够产生强健的幼苗，因而这些幼苗最终得到了繁盛和生存的最好机会。其中一些幼苗，大概也会继承这种分泌花蜜的能力。那些具有最大的腺体（即蜜腺）的、会分泌最多蜜汁的花，也就会最常受到昆虫的光顾，并且最常进行杂交；长此以往，这些花就会取得优势。

同样，花的雄蕊和雌蕊的位置，如果与来访的那些特定的昆虫的大小和习性相适应，那么这些花也会受到青睐并得以被"自然选择"。我们可用往来花间只为采集花粉而非为采蜜的昆虫为例：由于花粉的形成专为受精而用，因此即使只有少量花粉被喜食花粉的昆虫在花间传送，并因此帮助植物实现了杂交，对于植

物来说，依然是大有益处的。那些产生愈来愈多花粉的个体，就会因自然选择而得以繁衍下去。

通过自然选择越来越具有吸引力的花朵，昆虫会情不自禁地按时在花间传送花粉。比如，有些冬青树只生雄花，它们有四枚雄蕊，仅产极少量的花粉，加上一枚发育不全的雌蕊；另一些冬青树只生雌花，这些花具有健全的雌蕊，而四枚雄蕊上的粉囊均已萎缩，无一粒花粉可寻。达尔文在距一株雄树大约20米的地方发现有一株雌树。他从雌树不同的枝条上采了二十朵花，将花的柱头放在显微镜下观察。达尔文发现，所有的柱头上都有几粒花粉，而且还有几个柱头上布满了花粉。由于这期间连续几天风都是从雌树吹向雄树，因此花粉不会是通过风的媒介传送的。这期间天气冷还有狂风，对蜜蜂也是不利的。然而，达尔文观察过的每一朵雌花，都因为蜜蜂往来树间采蜜，意外地沾上了花粉并有效地受精了！

桦尺蛾的故事

另一个自然选择驱动生物适应环境的著名例子，来自英国的桦尺蛾（或桦尺蠖）翅膀的"变色"（即黑化）现象。在工业革命之前，英国和欧洲大陆上，在树干上常常看到的是带有黑色斑点的灰蛾子，叫桦尺蛾。这种桦尺蛾的颜色与生长在树干上的地衣

颜色十分接近。19世纪初，英国的很多城镇都在经历着工业革命，随着越来越多新工厂的出现，工厂烟囱里排放出大量的煤灰与烟尘。树干的颜色慢慢地变成了黑色，生长在树干上的地衣也逐渐死去。1848年，在英国工业城市曼彻斯特，人们头一次发现了树干上的黑蛾子，但只占当地蛾子的1%还不到。然而50年以后，黑蛾子在当地已占了95%左右。这就是工业污染严重造成的。大量工厂烟囱里冒出来的煤烟灰，把树皮都染黑了。如果蛾子的颜色还是灰色的话，那么很容易被捉食它们的鸟看到。为了形成不让天敌看出来的保护色，原来的灰蛾子在不太长的时期内逐渐变得跟树皮一样黑了。科学家们还发现，在一天之内，工业区树干

上剩下的灰蛾子竟被鸟吃了近一半！灰蛾子的消失速度是相当惊人的。

更有意思的是，到了100多年后的工业革命末期，随着空气质量的逐渐改善，地衣又在树干上重新长了出来。这时候，黑蛾子在树干上反而变得十分显眼了，也更容易被鸟类捕食了。结果，灰蛾子慢慢地变得越来越多了，逐渐地恢复到了工业革命前的情形。

"自然选择"和"生命之树"小结

在时代的长河里，在变化着的生活条件下，生物组织结构的许多部分会发生变异，以适应变化了的环境，这是无可置疑的。由于每一物种都按很高的几何比率增长，因此，它们在某一年龄、某一季节或某一年代发生激烈的生存斗争，当然也是无可置疑的。那么，考虑到所有生物相互之间及其与生活条件之间有着无限复杂的关系，因而由此引起构造、体质及习性上对其有利的无限的多样性，更是无可置疑的。

如果有益于任何生物的变异确实发生过，那么具有这种性状的一些个体，在生存斗争中定会有最好的机会保存自己；根据强劲的遗传原理，它们趋于产生具有同样性状的后代。为简洁起见，达尔文把这一保存的原理称为"自然选择"；它使每一生物

在与其相关的有机和无机的生活条件下得以改进。

同一纲中的所有生物的亲缘关系，可以用一株大树来表示。绿色的、生芽的小枝可以代表现存的物种；往年生出的枝条可以代表那些长期以来先后灭绝了的物种。在每一生长期中，所有生长着的小枝，都试图向各个方向分枝，并试图压倒和消灭周围的细枝和枝条，正如物种及物种群在生存大战中试图征服其他物种一样。主枝分为大枝，再逐次分为越来越小的枝条；而当此树幼小之时，主枝本身就曾是生芽的小枝；这种旧芽和新芽由分枝相连的情形，大可代表所有灭绝物种和现存物种的层层隶属的类群分类。

当这棵树还是一株幼小矮树的时候，在众多繁茂的小枝中，只有那么两三根小枝得以长成现在的大枝并生存至今，支撑着其他的枝条；生存在遥远地质年代中的物种也是如此，它们之中极少能够留下现存的、变异了的后代。自该树开始生长以来，许多主枝和大枝都已枯萎、折落；这些失去的大小枝条，可以代表那些未留下现生后代而仅以化石为人所知的整个目、科及属。此外，树基部的分权处偶尔会生出的一根细小柔弱的枝条，由于某种有利的机缘，至今还在旺盛地生长着，像鸭嘴兽或肺鱼之类的动物一样。它们通过亲缘关系，在某种轻微程度上连接起生物的两大分支，并显然因为居于受到庇护的场所，而幸免于生死搏斗残存了下来。

　　由于枝芽通过生长再发新芽，这些新芽如果生机勃勃，就会抽出新枝并盖住周围很多孱弱的枝条。换句话说，当新种形成之时，旧的物种逐渐消亡或灭绝。所以，这株巨大的"生命之树"的代代相传也是如此，它用残枝败干充填了地壳，并用不断分杈的、美丽的枝条装扮了大地。

　　达尔文的生命之树展示了物种是如何演化的，并表明了人类、动物、植物、昆虫，以及最小的微生物，全都是从地球上最初出现的生物演化而来的。虽然达尔文并不清楚生命究竟是如何起源的，生命最初从哪里来的，但他的理论解释了如今地球上五花八门的生物是如何演化而来的。

第七章
生物的演化

理论的一些难点

达尔文深知自己的学说惊世骇俗，会引起很多人的反对，与其坐等发表后再让别人挑刺，还不如自己主动出击，令潜在的批评者们将来无所适从。在《物种起源》第1—4章里，达尔文已经把自己的理论介绍完毕；在余下的章节里，达尔文把自己的理论扮成一个"稻草人"靶子，设想出最可能被别人攻击的"致命"弱点（即"难点"），然后用更多的证据一一加以辩护（即"设防"），以让批评者们无话可说。

达尔文非常清楚，"非凡的理论需要非凡的证据来支持"；因而书中充满了支持其理论的证据。此外，他还知道自己的理论很难证明，人们会提出很多问题来；因而，他的书里充满了对这些问题的答案。

首先，达尔文觉得，读者（尤其是批评者）们一定会问："如

果物种是通过其他物种的极细微的变化逐渐演变而来的，那么，我们为什么看不到应该到处可以见到的、不计其数的过渡类型呢？为什么物种像我们所见到的这样界限分明，而整个自然界并没有混成一团呢？"

换句话说，如果物种由于变异和适者生存持续不断地演化，那为什么我们看不到过渡形态的物种生活在这个世界上呢？为什么我们没找到化石，可以展示各种程度的变异呢？对这个问题，达尔文只能提出了一些推测。

具有过渡形态的生物在哪里？

既然物种是随着时间逐渐演变的，那么在这些变化当中，我们为什么见不到许多过渡类型呢？达尔文解释说，自然选择使生物更好地适应它们生活的环境。更能适应环境的动物一旦出现，就会跟原来不太适应环境的动物竞争并取代它们。因此，后者自然而然地便逐渐消失了。

假如饲养三个绵羊的变种，第一个适应广大的山区；第二个适应较为狭小的丘陵地带；第三个适应山下广阔的平原。再假定这三处的居民，都有同样的决心和技巧，通过人工选择来改良各自的品种。在这种情形下，成功的机会将会大为垂青拥有较多绵羊的山区或平原的饲养者们，他们在改良品种方面也会比拥有较

少绵羊的中间狭小丘陵地带的居民们更为迅速。结果，改良了的山地品种或平原品种，就会很快地取代改良较少的丘陵品种。这样一来，原本个体数目较多的这两个品种，便会在分布上紧密相接，而取代那个丘陵地带的中间变种。因此，我们后来就看不到丘陵品种这一过渡类型了。

达尔文认为，我们之所以看不到过渡变种，是因为除了完全适应环境的物种之外，过渡变种都很快灭绝了。适应性更好的个体出现后，中间的过渡变异个体无法与之竞争，因为自然选择更偏好那些具有优势的个体。这就是自然选择的规律：适应性更好的个体会取代适应性不够好的个体。

比如，鼯鼠的演化就是一个很好的例子。物种会根据环境的变化产生相应的变异。松鼠有圆滚滚毛茸茸的尾巴，不管是在地面上还是在高高的树枝上都能快速奔跑、跳跃。鼯鼠则演化出了扁平的尾巴，让它在飞行时保持身体稳定。鼯鼠在地面上的奔跑速度比松鼠慢得多，但是鼯鼠的四肢和尾巴的基部都与宽大的皮肤相连，能够展开形成类似降落伞的结构，在树间滑翔。这两种动物都适应了自己独特的生存环境。它们之所以会演化成这样，可能是为了躲避特殊环境中的某些捕食者。

虽然松鼠和鼯鼠的差别很大，但它们是近亲，都属于松鼠科。不过，我们在松鼠科中没有发现任何具有过渡特征的个体，比如尾巴介于圆滚滚和扁平之间，因为这样的个体都已经灭绝

了。那么，为什么在化石记录中也很少见到这些过渡类型保存下来的化石呢？

化石记录的贫乏

虽然化石能帮助我们回溯历史，看到以前存在过的生物，比如三叶虫、恐龙和猛犸象等，但是达尔文指出，首先，形成化石需要很多严格的条件。比如，动物死后，需要快速被泥沙掩埋，

才能避免腐烂或被吃掉。这种事情本身就比较罕见，而且尸骸上还需要被覆盖一层又一层沉积物，才能成功地将尸骸的形状保存在岩石里。因此，在大量生存过的史前生物中，只有极少数在十分理想的条件下，才有可能形成化石被保存下来。而能够反映物种演变过程的化石更加稀少。其次，古老的化石可能深埋于地壳中，永远不会被发现。最后，即便是那些靠近地表的化石，也要在它们被自然力毁坏前幸运地被人们发现才行。所以，具有过渡形态的生物化石被发现的可能性非常小。因而，我们不能寄希望于化石将所有过渡形态的生物都记录下来，因为地质记录是非常不完整的。

虽然博物馆里似乎堆满了生物的化石，但这些生物也只是数亿年来曾生活在地球上的生物中很少的一部分。地质记录存在大量空白，历史越久远的记录就越不完整。达尔文非常了解地质学，他在书中多次提到地质记录的不完整性，并坦然接受有可能永远都找不到支持进化论的化石证据这一事实。

当时很多批评者认为，达尔文这是承认了自己的理论缺乏证据。然而，事实并非如此，只不过是达尔文心里十分清楚，要找到足够多的化石来验证进化论，是一件非常困难的事情。

自《物种起源》出版160多年以来，经过全世界许多代古生物学家的长期不懈的努力，我们发现了许许多多的化石，其中包括不少过渡类型的化石，包括提塔利克鱼、始祖鸟、巴基鲸、南

方古猿等。

　　过渡类型的化石，是指有些化石的形态结构，保留有其祖先及演化出来的后代的双重特征或性状。比如，提塔利克鱼是发现于加拿大的一种肉鳍鱼类化石，但具有许多陆生四足类的特征，因而被认为是鱼类与两栖类之间的过渡类型化石。而在《物种起源》发表两年后，就在德国发现的始祖鸟化石，在当时十分轰动，因为它身上生有羽毛，嘴巴里生有牙齿，被认为是爬行动物与鸟类之间的过渡类型化石。巴基鲸是发现于巴基斯坦的一种哺乳动物化石，是介于陆生偶蹄类与水生的鲸鱼之间的过渡类型化石。南方古猿则是在非洲发现的猿类与人类之间的过渡类型化石。

　　然而，即使在今天，化石记录中依然存在着许多"缺失的环

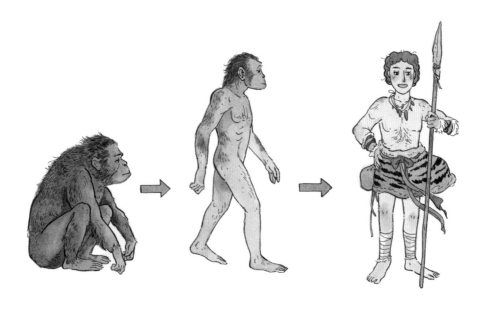

节"（即缺乏过渡类型的化石）。这正说明了达尔文当时的观点是站得住脚的。

完美的眼睛是怎样出现的？

除了残缺不全的化石记录之外，达尔文感到高度完善的器官（比如眼睛）的演化也是十分棘手的难点：像人眼这种精密、复杂、完美的器官，怎么可能单纯地依靠变异出现，然后被自然选择保留下来呢？这不仅对一般人来说难以理解，就连达尔文自己也不得不承认，这看起来似乎荒唐至极。但是，他深信每个物种的每一个部位的结构都是许多遗传变异综合的结果。因此他认为，随着时间的推移，高度专门化的变异也是能够出现的。

要了解一个器官是如何在漫长的时间中被自然选择塑造得近于完美的，最好的办法是观察该物种所有祖先身上该器官的演化过程。但是由于地球上发生过多次物种灭绝事件，我们永远都不可能收集到所有需要的标本。不过，我们总是可以将这个物种跟现存的其他物种做对比。就拿人眼来说，人类的眼睛和章鱼的眼睛十分相似。大自然中演化出了多种不同的眼睛，而人类的眼睛还不算是最复杂的。有些物种的眼睛能够接收到更宽范围波长的光，比如虾蛄；还有一些物种，比如有些猛禽，它们的眼睛有一层额外的眼睑，能够让它们在快速飞行追捕猎物的同时，保护眼

睛不受风吹和灰尘的伤害。

达尔文认为，人类的眼睛并不是从一开始就是既复杂又完美的器官。形成复杂器官所需的变异不可能同时发生，非常微小、逐渐出现的变化，只要能给个体带来一点点优势，就能够被保留下来。人类的很多发明也是这样。没有人能够从零开始就发明出一台现代望远镜，望远镜是随着技术的进步逐渐变得复杂起来的。

达尔文的进化论面临的很多挑战，都是因为当时缺少证据，那时候的科学水平不如今天发达。达尔文仅靠零散的信息和有限的技术条件就能提出进化论的观点，实在是令人赞叹。

尽管达尔文在世时没有发现人眼演化的证据，但后来的学者通过研究海生蠕虫等其他物种，终于知道人眼里的细胞可能起源于大脑或皮肤上的感光细胞。事实上，今天人类的大脑中仍然有感光细胞，它们参与着人类昼夜节律的调整。

达尔文认为，动物在演化过程中变得越来越复杂，身体的新部件很少是重新发明出来的，大多是从旧部件改造而来的。像眼睛这样极其复杂的器官，也是从原有的简单结构开始，经过缓慢演化而日臻完善的。因此，人类的眼睛是经过千百万年的微小变化和改善而逐步形成的。

本能和习性也是演化出来的吗？

人类与动物都有一些奇妙的本能，比如蜜蜂营造蜂房的本能，杜鹃在别的鸟巢下蛋的本能，蚜虫喂蚂蚁的本能，以及北半球的一些鸟类迁徙到南方过冬的本能等。对动物界诸如此类奇妙的本能，我们如何解释呢？这对演化论来说，似乎也是一个难题。

达尔文认为，本能也是自然选择的一部分。本能可以让同一物种的所有个体在不需要经验或有明确目的的情况下，就能做出同样的行为，充分地利用自身和周围的环境更好地生存。达尔文相信，如果一种本能被证明是对生存有利的，它就会被"自然选择"，遗传给后代，很快整个物种就都掌握了能帮助它们更好地生存的本能。

比如，将蛋产在其他鸟类的巢中是雌杜鹃的本能。这种行为看上去很奇怪，但它是有缘由的：雌杜鹃每隔几天产一枚蛋，而不是一次把蛋全部产完。如果它们把所有的蛋都产在同一个巢穴中，蛋会在不同的时间孵化，那么雌杜鹃就不得不丢下未孵化的蛋，去为已经孵化出的幼鸟寻找食物。于是，雌杜鹃在本能的驱使下，会寻找其他鸟的巢穴，并在每个鸟巢中只产下一枚蛋。杜鹃幼鸟破壳之后，也会展示自己的本能行为，将巢内其他鸟的幼鸟推出去，以便自己能够独享所有的食物。这种"投机取巧"的

本能，纯粹是自然选择的结果。

习性和本能不是一回事。习性是个体生物在生存过程中通过反复练习而学会的行为，不能遗传给后代；本能则是不需要学习就会有的行为，能够一代一代地遗传下去。就像身体特征的变化方式一样，本能的变化也是通过变异和自然选择发生的。

比如，蜂巢是由大量六边形的小格子组成的，蜜蜂天生就会

筑这种六边形小格子，从而用最少的蜂蜡容纳最多的蜂蜜。达尔文认为，蜜蜂能在黑暗的蜂巢中团结协作，筑造这种小格子，不是后天习得的。它们一孵化出来就掌握了这种技能，完全是出于本能。因此，自然选择不仅关注动物长什么样子，而且关注它们怎样活动。本能是动物天生就知道如何与环境合作的神奇办法。如果一种本能有助于动物更好地生存的话，它就会被保存下来并遗传给后代。

蚜虫以植物的汁液为食，但它们不会把汁液的所有成分都消化吸收，而是会分泌蜜露。当蚂蚁用触角拍击蚜虫的身体时，蚜

这样筑巢才能装更多的蜂蜜哦！

虫会本能地将蜜露分泌出来给蚂蚁吃。这样做，能让蚂蚁保护蚜虫不被食蚜蝇等捕食者吃掉。达尔文对这种本能行为做了实验：他把蚜虫群中的蚂蚁移走，模仿蚂蚁拍击蚜虫的身体，但是蚜虫不分泌蜜露。一旦重新把蚂蚁放进蚜虫群中，蚜虫就会迅速为蚂蚁分泌蜜露。看来只有当蚂蚁存在时，蚜虫才会有这种本能行为。因此，生物除了生存斗争之外，也形成了一个相互依存的关系网。

生物之间的关系网

大多数时候，生物之间是竞争关系，而有时候物种之间是合作（或互惠）关系，比如蚂蚁保护蚜虫，蚜虫给蚂蚁提供蜜露。无论生物之间是哪种关系，植物和动物都是通过一张复杂的关系网联结起来的。这张相互依存的关系网，能够反映出许多物种如何通过链条一样的作用影响彼此的生存。某两个物种可能看上去毫无联系，但一个物种的存在能够对另外一个物种的生存产生意料之外的作用。

"相互依存"描述了生态系统中所有的生物彼此依赖。如果一种生物的种群数量发生变化，就会影响到生态系统中的其他生物。因此，达尔文反对当时其他科学家秉持的观点，即物种的数量完全是随机的。

　　达尔文用花、野蜂、田鼠和猫之间的关系，来解释什么叫相互依存。他指出，如果英国的野蜂灭绝或十分稀少，那么三色堇和红三叶草也会变得非常稀少，因为这些植物需要野蜂传粉。野蜂的数量和田鼠的数量又息息相关，因为田鼠会破坏野蜂的蜂巢。当然，一个地区内田鼠的数量与其天敌猫的数量有关。所以，一个地区内猫的数量增加意味着田鼠的数量会减少，也就意味着野蜂和红三叶草的数量会增加。由于这种关系网的作用，一个地区内猫的数量可以间接影响某种花的数量。

物种都有各自的"生态位"

　　物种在环境中扮演的角色是生存竞争的一个重要因素。比如，在森林中，哺乳动物要吃植物，植物依赖昆虫为它们传粉，

而昆虫会在枯树中安家落户。所有的个体都完美地适应环境，充分利用身边的资源，它们都生存在特定的"生态位"。当一种生物找到了自己的生态位，即最适合自己生存的区域，它就能与其他生物长期稳定地共存。

达尔文明白，动物和植物通过复杂的关系网联系在一起。他提到过一个例子，在一片未经人类开垦的荒地上种了一些苏格兰冷杉后，这片区域逐渐形成了一个生态系统。

达尔文经过仔细调查得知，人们用篱笆把一片荒地围起来，种上了苏格兰冷杉。25 年后，和临近的没有种冷杉的荒地相比，用篱笆围起来的这片区域中的植物和鸟类很不同，生态系统发生了惊人的变化……

在这片人造林地中，出现了 6 种新的鸟。达尔文推测，这片区域中昆虫的数量一定有显著增长，才能让这些鸟有充足的食物，从而定居在这里。这片被围起来的苏格兰冷杉林里还出现了12 种新的植物，它们之前从未在此生长。

当生物来到一片与外界隔离的林地时，它们能够抓住这个新生态系统中的机会，找到适合自己的生态位。这是因为生物具有迁徙和适应环境变化的能力。

在这片区域中，由于没有其他树木的竞争，苏格兰冷杉自然地找到了自己的生态位。许多新的昆虫和鸟类随之也在这里找到自己的生态位，与其他生物和谐共处。

地质学家达尔文

达尔文在成为生物学家之前，先是以地质学家出名的。他是带着莱尔的《地质学原理》登上小猎犬号战舰的；他对地质学烂熟于心，对生物演化的地质记录异常重视。因此，他在《物种起源》里，列举了许多与地质学相关的证据。

地质记录就像是一本写在岩石里面、囊括地球 46 亿年历史的大书，是一本名副其实的"石头记"。地质记录是指保存在地层中的岩石、化石及地质构造特征包含的全部地球历史信息；而生物作为地球的栖居者，其整部生命演化史自然也保存在这个"档案馆"里。达尔文不仅讨论了化石记录的贫乏和明显间断、古生物化石在地层中的突然出现，以及许多"过渡类型"化石的缺失，并试图解释造成这种地质记录不完整性的各种不可避免的因素。

换句话说，达尔文试图"淡化"地质记录不完整性给他的学说可能带来的难题。事实证明了达尔文的先见之明，《物种起源》问世后，他的批评者中就包括好几位地质古生物学大师，认为化石记录是替他的理论帮了倒忙。所幸没过几年，德国古生物学家就发现了第一件始祖鸟化石，是爬行动物与鸟类之间的"过渡类型"化石。达尔文兴奋不已，当《物种起源》再版时，他立即把

这一重要证据加了进去！

地球的年龄

《物种起源》出版时，很多批评者指出了达尔文进化论中的漏洞。达尔文也承认，自己的理论对有些问题仍然无法解释，其中一个难点就是关于地球的年龄。在达尔文生活的时代，有人根据《圣经》推算出地球的年龄大约为 6000 年。但是达尔文认为，由于生物演化是个十分缓慢的过程，6000 年的时间不足以让生物演化成现在这个样子。他认为 3 亿年的时间似乎较为合理。虽然达尔文认为地球年龄很古老是正确的，但现代地质学研究表明，地球实际上已经有 46 亿年的历史了。

达尔文虽然无法给出确切的地球年龄，但他聪明地用"地质记录的不完整性"来说服读者，指出地球的实际年龄远比我们想象的要古老很多。

达尔文乘坐"小猎犬号"航行时经历了智利的地震，他发现地震导致生活在海底的贝类被抬升得高出了海面。后来他又在非洲佛得角的海岸悬崖上发现了含有许多海洋贝类的岩石。达尔文开始明白，自己在海岸上看到的这种过程会在漫长的时间中不断发生，从而改变陆地的高度及地质结构。因此，他认为这种"沧海变桑田"的情形在地球历史上不知重复发生过多少次，而且每

一次都经历了很长的时间。

由于侵蚀作用，地层里保存下来的许多地质记录被破坏了，因而我们现在所能看到的地质记录，只是地球历史的一小部分而已，就像一本缺了很多页的历史书。

不断变化的地球

侵蚀是指岩石被风、雨、流水等自然力量逐渐磨损的过程。比如，海浪拍击悬崖，使岩石崩裂，跌入海中形成沉积物。雨水在自然状态下呈弱酸性，能够和岩石中的石灰石、白垩等矿物质发生化学反应，从而侵蚀岩石。在寒冷的天气中，岩石缝隙中的水结冰后，体积膨胀，会使岩石胀裂开来。因此，侵蚀作用会使岩石破碎成越来越细小的颗粒（即沉积物），不断地改变地貌的形态，从而改变整个世界的样子。

达尔文指出，沿着不太坚硬的岩石所形成的海岸线逛逛，观察一下海浪冲蚀海岸的过程，是很有好处的。在大多数情况下，海潮抵达岸边岩崖每天也仅有两次，时间很短，而且只有当波浪挟带着大量的沙子或小砾石时，方能剥蚀岸边的岩崖；因为有很好的证据表明，单单是清水的话，对岩石的冲蚀效果不佳。最终，岩崖的基部被掏空，巨大的石块坠落下来，堆在那里，然后又一点一点地被磨蚀，直至它们变小到能随波逐流地滚来滚去，

才会更快地被磨碎成小砾石、沙或泥。然而，我们在后退的海岸岩崖基部，经常看到一些被磨圆了的巨大的砾石，上面长满了海洋生物，这说明它们很少被磨蚀而且很少被翻动！此外，如果我们沿着任何正在受到冲蚀作用的海岸岩崖走上那么几英里（1 英里 ≈ 1.61 千米），我们便会发现，目前正在被冲蚀着的岩崖，只不过是断断续续的、短短的一段而已，或只是环绕着海角而星星点点地分布着。地表和植被的外貌显示，其余的部分保持其基部的样貌不变，已经很多年了。

达尔文相信，那些仔细地研究过海洋对于海岸侵蚀作用的人，对于海岸岩崖被冲蚀的缓慢性必然具有深刻的印象。让我们

再考察一下几千米厚的砾岩层吧：这些砾岩的堆积也许比很多其他的沉积物要快些，然而从构成砾岩的那些被磨圆了的小砾石带有的时间印记来看，这些砾岩的累积而成是何等缓慢啊！

在科迪勒拉山，达尔文曾估算过一套砾岩层，厚3000多米。他让观察者记住莱尔的论述：沉积岩组的厚度和广度是地壳其他地方所受剥蚀的程度的注脚，厚厚的沉积岩层暗示着大量的剥蚀！此外，大多数地质学家认为，在每一套相继的成套地层之间，有着一段极为长久的地质稳定期。

因此，时间逝去的遗痕在地质记录中到处可见，地球历史漫长得令人难以想象。即使所有的生物变化都是通过自然选择缓慢实现的，这些变化需要的时间也是不成问题的——地球的历史实在太漫长了，地质记录里最不缺的就是时间了。

生物在地史上的演替

我们在前面曾提到，达尔文最早对神创论与物种固定论产生怀疑并不是在加拉帕戈斯群岛，而是在到达加拉帕戈斯群岛之前的南美大陆上。他在《物种起源》"绪论"一开头就写道："……那里的现代生物与古生物间地质关系的一些事实，令我印象至深。这些事实似乎对物种起源的问题有所启迪。"

这些关系中，最重要的是某一给定类群的化石在地层中出

现的先后顺序，以及化石类型与现生物种之间的关系。而这种关系，被达尔文用来作为支持生物演化论的核心证据。我们知道，生物化石在地层中的分布，并不是杂乱无章的。古生物学家们不可能在恐龙出现之前的地层中发现古人类化石，也不可能在发现三叶虫化石的地层中发现恐龙化石。这说明生物在地史上有一个演替的关系。

这是因为所有生物都是由世代亲缘关系相连在一起的。从性状分异的连续倾向，我们能够理解为什么生物类型越古老，它与现生类型之间的差异一般也就越大；为什么古代灭绝了的类型往往趋于把现生类型之间的空隙填充起来，而有时则将先前被分属为两个不同的类群合二为一，或更通常的是把它们之间的亲缘关系稍微拉近一些。

换句话说，类型越古老，其性状在某种程度上也就更常明显地处于现在区别分明的类群之间；因为类型越古老，它跟广为分异之后的类群的共同祖先越接近，因而也就越相似。灭绝了的类型很少直接地介于现生的类型之间，而只是通过很多灭绝了的、十分不同的类型，以绵长婉转的路径介于现生的类型之间。

因此，我们能够清晰地看到，紧密相继的各套地层中的生物遗骸，彼此间的亲缘关系要比那些保存在层位上相隔较远的（即时代相隔较远的）更为密切，这是因为这些类型被世代亲缘紧密地连接在一起了。我们由此能够清晰地看到，中间地层的生物遗

骸具有中间（即过渡性）的性状。

　　每一相继时代的生物，在生存竞争中击败其先驱，自然等级上也相应地提高了；这也可以解释过去很多古生物学家持有的一个观点，即生物结构在整体上来说是已向前发展了。如果今后能够证明古代的动物在某种程度上类似于本纲中更近代动物的胚胎的话，那么这一事实便更容易理解：这些完全可以用遗传来解释。

　　更重要的是，达尔文还注意到了生物在时间上的分布（即"生物在地史上的演替"），与它们在空间上的分布（即生物的地理分布），有着强烈的对称关系。这对物种可变性与自然选择学说，无疑是强有力的支持。

第八章

生物的地理分布与扩散

生物地理分布

地球上的生物地理分布现象，是达尔文确信物种可变性存在的关键证据之一。首先，达尔文发现，全球生物地理分布方面存在着种种奇特有趣的现象，只有用生物演化论来解释这些貌似奇怪的分布型才能说得通；而用神创论的话就无法解释。其次，他为这种分布型提供了合理的解释，尤其是通过一些不寻常的生物扩散方法。

达尔文注意到：1. 在不同的大陆上，尽管气候等各方面环境条件十分相似，但是生物面貌却完全不同；2. 在同一大陆上，如果出现高山、大河等地理屏障，阻碍生物的自由迁徙的话，那么地理屏障两侧的生物面貌也大为不同；3. 同一大陆上或同一海洋里的生物，有着较为密切的亲缘关系，尽管物种本身在不同地点与不同场所是有区别的。

另一方面，达尔文还注意到：1.同一物种存在于相距很远的山峦的顶峰之上，以及北极和南极相距很远的一些地点；2.淡水生物的广泛分布；3.同一个陆生的物种出现在一些岛屿及大陆上，尽管它们之间被数百英里宽的大海分隔。

根据生物演化的理论，这些看似奇怪的生物分布现象，都可以得到合理的解释。生物彼此间十分相像或相当相像，是由于共同祖先的遗传所致。生物彼此间的不相似，可归因于通过自然选择发生的变化，以及不同环境条件的直接影响。

不同大陆上生物面貌的差异

下面这个问题曾一直困扰达尔文：一个物种究竟是在地球的某一个地方起源的，还是在许多个地方同时起源的？达尔文认为，一个物种最初起源于某一个地方，然后才通过迁徙，扩散到世界上其他地方的。因此，在两个不同的大陆上，即使气候和其他环境条件相似，也不会同时形成完全一样的物种。

你一定听说过哥伦布发现新大陆吧？新大陆是指美洲和澳洲，而亚洲、欧洲和非洲称为旧大陆。生物地理分布上最基本的分界之一，是新大陆与旧大陆之间的分界。达尔文在南美考察时，看到了与欧亚大陆和非洲十分相似的气候和地理环境，但那里生活着与旧大陆十分不同的生物类型，这引起了他极大的

好奇。

比如在南美，他发现了河鼠和水豚，却没有欧洲常见的海狸或麝鼠。为什么造物主费这么大的功夫，在不同大陆相同的气候和环境里，创造出外表相似但构造型式完全不同的物种呢？依照神创论，这是令人费解的，但是按照达尔文的理论，这种情形就不难理解。

根据遗传和变异的原理，一个物种栖居的地域总是连续的，它的祖先类型先在一个地方起源，然后向四周扩散。虽然在扩散过程中会发生变异，但是遗传会使它们保持大体相像。然而，当一种植物或动物在扩散过程中，被高大的山脉或宽阔的海洋阻隔而难以穿越的时候，那么被这类天然屏障所隔开的两个不同地区，便会有着不同的生物物种。

为什么不同地区又会有相同或相似的生物呢？

如果世界上生物的地理分布，都像上一节所讲的那样，被隔开的两个不同地区有着不同的生物物种，那问题就简单多了。可是，现实中偏偏有很多例外：

1. 在相距很远的不同高山的顶峰之上，在北极和南极相距很远的一些地点，存在着同一物种。比如，南北两半球相距遥远的地方，也有一些完全相同的土著植物。

2.河流、湖泊之间被大片陆地隔开，互不相连，但里面同一物种的淡水生物广泛分布。

3.有一些岛屿与大陆之间被数百英里宽的大海分隔，但两地出现了同一个陆生物种。

跟上一节讨论的情况相反，这些例外的分布情形，用神创论似乎反而更容易解释：因为相信神创论的人，当然相信造物主的威力无穷。但是达尔文说：且慢！如果同一物种存在于地球上相距很远、相互隔离的不同地点的现象，能被我主张的物种是从单一起源地扩散开来的观点解释的话；那么我的理论不就更站得住脚了吗？下面让我们来看看，达尔文是如何解释这些奇怪的生物地理分布现象的。

地理屏障的变迁

在地球历史上，海洋和陆地的位置并不是固定不变的：海平面有升有降，陆地也可以抬升或下沉。因此，我们现在看到的地理屏障，过去也许并不存在。比如，现在亚洲与北美之间的分界白令海峡，平均深度只有30—50米；在1.8万—3万多年前的冰期，海平面下降，那里是露出海面的"陆桥"（即白令陆桥），把欧亚大陆与美洲大陆连接了起来。因此，亚洲和北美的很多动物、植物和人类，可以通过白令陆桥互相迁徙。

同样，像美洲中部巴拿马地峡那样狭窄的地峡，既可以把两边的大西洋和太平洋的海生动物群分隔开来，也可以为南美洲和北美洲两个不同的陆生动物、植物群提供交流的通道。假如这条地峡将来（或过去）在水中沉没了，那么，两边的海生动物群就会混合在一起，而南、北美洲陆上的动植物群就会被隔离开来。

此外，先前存在过的很多岛屿，现在已沉没在海里了，它们从前可能曾作为植物以及很多动物扩散时歇脚的地方。在珊瑚生长的海洋中，这些沉没的岛屿如今通常覆盖着珊瑚礁或环礁。

偶然的生物扩散方式

即使在有地理屏障阻隔的情形下，生物（尤其是植物和飞行动物）也可以通过很多偶然的扩散方式翻越崇山峻岭，跨过大洋深海。比如生长在热带和亚热带（像海南岛等地）的椰子树，就是明显的一个例子。椰子树的种子又大又轻，可以浮在水面上漂洋过海。虽然椰子树的原产地在马来群岛，但如今它在世界范围内分布很广；几乎太平洋、印度洋的每个岛屿上，都生长着大片的椰林。

鸟类等飞行动物，可以飞越地理屏障，扩散到很远的地方。昆虫和植物种子等，也会被大风吹到很远的地方。植物种子还可能被鸟类携带，或被鸟类吃到肚子里，然后又排泄出来，因而更

容易扩散到四面八方。因此，世界上不同地区的植物看起来更为相似，而动物之间的区别往往更大一些。

　　为了研究这些奇特和偶然的生物传布和扩散方式，达尔文还设计了许多精巧的小试验。这些小试验看似非常简单，却取得了令人信服的效果。这些都充分显示了达尔文不是"书呆子"型学者，他的动手能力很强。他小时候在家里跟哥哥一起做化学实验时，还曾险些闹出事故来。在贯穿一生的科学研究中，他自己设计过许多类似的小试验，利用极其简陋的条件，收获十分重要的成果。

读书却不尽信书

　　孟子说过："尽信书，则不如无书。"意思是劝诫读书人，

千万不能迷信书本上的知识。达尔文博览群书，但是他具有最可贵的一点，即读书却不尽信书。在当时的植物学论著里，常常谈到这一种或那一种植物不适于广泛地传播；对植物种子跨海传送的难易程度，几乎一无所知。

达尔文在伯克利先生的帮助下，做了好几种试验，发现植物种子抗拒海水侵害作用的能力很大。如此看来，植物种子跨海传送比以前植物学家们想象的要容易得多。

通过试验，达尔文惊奇地发现，在 87 种种子中，有 64 种在海水中浸泡过 28 天后还能够发芽，而且有少数种类浸泡过 137 天后依然能够生存。不过，达尔文依然十分谨慎，他又想道：这些种子会不会沉下去，而根本漂不到大海的对岸去呢？

因此，除了在海水中浸泡种子的试验之外，达尔文还做了带有成熟果实的植物在海水中漂浮的试验，试验结果表明：约 40% 的植物种子，能在海上漂浮 28 天，可能会漂过 1000 多公里的海面到达另一个地域（海岛或海岸）。

新鲜的与风干后的树木在水中的浮力是十分不同的。达尔文意识到，大水或许会把植物或枝条冲倒，这些植物或枝条可能在岸上被风干，然后又被新上涨的河流冲刷入海。因此，他做了个漂浮试验：把 94 种植物的带有成熟果实的树干和枝条弄干之后，放入海水中。

结果，达尔文发现："大多数很快地沉下去了，而有一些在新

鲜时只能漂浮很短一段时间，但干燥后能漂浮很长时间。譬如，成熟的榛子很快下沉，但干燥后能漂浮 90 天左右，而且此后将它种植还能发芽。带有成熟浆果的芦笋能漂浮 23 天，经干燥之后竟能漂浮 85 天，而且这些种子以后仍能发芽。"

在这 94 种风干了的植物中，18 种漂浮了 28 天以上。这些结果到底意味着什么呢？

达尔文据此做出如下的推算：任何地域有 14% 的植物种子可以在海流中漂浮 28 天，仍然能够保持发芽的能力；有一些大西洋的海流平均速率为每日 33 英里（有些海流的速率为每日 60 英里），按照这一平均速率，属于一个地域的 14% 的植物种子，或许会漂过 924 英里的海面而抵达另一个地域。当这些植物种子被内陆大风刮到一个适宜的地点，它们还会发芽、生根、成长。

到目前为止，我们讨论的都是种子靠自身传布的情形，我把它戏称为"自驾游"。下面让我们看看其他一些更为奇特的扩散方式。

漂流的树木会被冲到很多岛屿上去，甚至会被冲到位于最广阔的大洋中央的岛屿上去。当形状不规则的石子夹在树根中间时，往往有小块泥土充填在缝隙中或包裹在后面。它们填塞得极好，经过长久搬运，也不会有一粒被海水冲刷掉。一棵树龄约 50 年的橡树，有一小块泥土被完全地包藏在树根里，从这块泥土中后来竟萌发出三株植物。

达尔文真是一名优秀的科学家。他对各种自然现象充满好奇心，细心观察，并经常动手做些试验。而且他总是能提出一些十分有意思的问题，然后去寻找出正确的答案。下面这些植物种子奇特的扩散方法，就是他通过观察、试验、思考、推理而发现的。

达尔文还发现：鸟类的尸体漂浮在海上，它的嗉囊里会有很多种类的种子，经过很长时间还能保持萌发力。比如在人造海水中漂浮过 30 天的一只鸽子，它的嗉囊里的种子取出来之后，几乎全部萌发了。因此，如果这只鸽子的尸体漂到一个岛屿或海岸"登陆"之后，尸体腐烂，嗉囊里的种子掉落出来，被吹到岸上的土壤里，就有可能发芽，生根，成长。

我们都知道，如果鸟在湿润的土地上行走的话（比如生活在水边的涉禽），它们的嘴巴和脚上有时会沾上泥土。有一次，达尔文从一只鹧鸪的脚上扒拉下来 22 粒干黏土，发现里面有巢菜种子那样大的石子。他推想：由于土壤里到处都有种子，每年有几百万只鹌鹑飞越地中海，它们脚上沾着的土里有时会有几粒种子，这有什么好怀疑的呢？

此外，我们还知道，鸟吃种子，但有些坚硬的种子能够通过火鸡的消化器官而不受任何损伤。因为鸟的嗉囊并不分泌胃液，所以丝毫不损害种子的发芽。达尔文曾在他的花园里，从小鸟的粪便中拣出了 12 个种类的种子，似乎都很完整。他试种了其中

的一些种子，结果都能发芽。他推想：当一只鸟吞食了大批的食物之后，不是所有的谷粒在 12 小时甚至 18 小时之内，都会进入到砂囊里去的。在这段时间里，这只鸟可能会很容易地被风吹到 500 英里开外的地方。在搬运种子方面，飞鸟也是极为有效的媒介。在几乎是不毛之地的岛上，很少甚至完全没有昆虫或鸟类，几乎每一粒偶然到来的种子，如果适应那里的气候，总会发芽成活的。

达尔文还想道：冰山满载泥土和石头，甚至挟带灌木丛以及陆生鸟的巢穴，因此，毫无疑问，它们必定有时会把种子从北极和南极区域的一处搬运到另一处；而且在冰期，从现今的温带的一个地方把种子搬运到另一个地方。

为什么淡水生物能够广泛分布？

由于湖泊与河系常常被陆地的屏障分隔开来，因此，也许一般人们会认为淡水生物在同一地域内不会分布得很广；又由于大海更是难以逾越的屏障，因此可能会认为淡水生物绝不会扩展到远隔重洋的地域。然而，实际情形却恰恰相反。当达尔文初到南美洲，在巴西的淡水水域中采集标本时，他发现那里的淡水昆虫、贝类等与英国的很相似，而周围陆生生物则与英国的大不相同；对这一现象，他感到非常吃惊。

对于淡水生物的广布能力，尽管出乎达尔文的意料，但他认为按照他的理论大多可以得到解释。

首先，它们适应在池塘与池塘、河流与河流之间进行经常的、短途的迁徙；由这种能力而导致广泛扩散，有什么可大惊小怪的呢？比如，在印度，活鱼被旋风卷到其他地方的情形并不罕见，而且它们的卵脱离了水体依然保持活力。但是达尔文还是倾向于将淡水鱼类的扩散主要归因于晚近时期内陆地水平的变化，它导致了河流相互连接汇通。另外，这种情形也曾出现在洪水期间，而陆地水平并无任何变化。

除了地理变迁导致陆地水体互通之外，淡水生物也能像种子那样，通过偶然的传布方法四处扩散。达尔文曾见到过这样一

幕：在把少量浮萍从一个水族箱移到另一个水族箱时，无意中把一个水族箱里的一些淡水贝类也移到了另一个水族箱里。他还两次看到当鸭子从满布浮萍的池塘里突然冒出来时，有许多浮萍附着在它们的背上。于是，他又做了下面这个试验。

他把一只鸭子的脚，悬放在一个水族箱里（这可以代表浮游在天然池塘中的鸟足），其中很多淡水贝类的卵正在孵化。达尔文发现很多极为细小、刚刚孵出来的贝类，爬到鸭子的脚上，而

且附着得很牢固；在鸭脚离开水时，它们也没被震落下来。

这些刚刚孵出的软体动物尽管在本性上是水生的，但它们在鸭脚上和潮湿的空气中，能够存活 12 到 20 个小时。在这么长的一段时间里，鸭或鹭也许至少可以飞行上千千米。如果它们被风吹过海面，抵达一个海岛或任何其他遥远的地方的话，那么一定会降落在池塘或小河里。瞧，通过这种奇特的方式，这些贝类便被搬运到新的地方安家落户了。

大洋岛上没有原产的两栖动物

岛屿在生物地理学上，一直非常受关注，这与生物地理学的奠基人达尔文和华莱士密切相关。也正是他们俩，用岛屿与大陆之间物种组成的明显差异，为演化论提供了有力证据。

其实，岛屿可以分为两大类：一类是像英伦三岛和日本群岛那样的大陆岛屿，它们过去曾与大陆相连；另一类则是像加拉帕戈斯群岛和夏威夷群岛那样的大洋岛屿，它们是由海底火山或珊瑚礁直接形成的，从未跟任何大陆相连过。

结果，大陆岛屿上的生物组成几乎跟附近的大陆一模一样，而大洋岛上却见不到一些大陆上常见的物种。

比如，大洋岛上没有原产的两栖动物（青蛙、癞蛤蟆及蝾螈等）。是不是这些岛屿不适合这些动物生长呢？也不是！因为蛙

类已被引进马德拉、亚速尔及毛里求斯，并在那里滋生繁衍到了令人讨厌的地步。那为什么大洋岛上没有原产的两栖类呢？

达尔文指出："由于这些动物以及它们的卵一遇海水就要完蛋，根据我的观点，就能理解为什么它们极难漂洋过海，因而不存在于任何大洋岛上了。但是按照神创论，就难以解释它们为什么没在那里被创造出来。"

为什么大洋岛上也看不到豺狼虎豹呢？

同样，达尔文发现："哺乳动物提供了相似的情形。我已经仔细查询过最早的航海记录，至今没有发现哪怕一个毫无疑问的例子可以表明陆生哺乳动物（土著人饲养的、从大陆引入的家畜除外）栖居在距离大陆或大陆岛屿 300 英里以外的岛屿上。"

并不是说小岛就不能养活小型的哺乳动物，因为在世界上很多地方，它们都出现在非常小的岛上（如果是大陆岛屿的话）。尽管陆生哺乳动物没有出现在大洋岛上，但像蝙蝠这样的飞行哺乳动物几乎出现在每一个大洋岛上。

那么为什么造物主在遥远的岛上能产生出蝙蝠，却不能产生出其他的哺乳动物？根据达尔文的观点，这一问题其实很容易回答：因为没有陆生动物能够跨过广阔的海面，但是蝙蝠能飞越过去。这正说明这些生物并不是造物主就地创造出来的！

此外，大洋岛上虽然缺乏大陆上的一些常见物种，却又产生了一些独特的物种。同一群岛的各个小岛上的不同物种有非常密切的亲缘关系；特别是整个群岛或岛屿上的生物，与最邻近大陆上的生物有着十分明显的亲缘关系。这又是为什么呢？

生物演化的天然实验室

达尔文乘坐小猎犬号战舰环球科考曾路过的加拉帕戈斯群岛，距离最近的南美大陆也有 1000 多千米，是完全由海底火山喷发和隆起而形成的火山岛。一开始上面什么生物也没有，后来通过偶然的扩散方法，从邻近的南美大陆迁入了少数生物，其中大多是植物和能够飞行的动物（比如鸟类和昆虫）。它们的后代尽管有所变异，但依然会由于遗传的原因与南美大陆（尤其是最近的南美西海岸）上的生物有着明显的亲缘关系。这类情形用神创论是难以解释的。

达尔文注意到："在加拉帕戈斯群岛，大部分生物都带有美洲大陆的印记。那里的 26 种陆栖鸟中，有 25 种被古尔德先生定为不同物种，而且假定是在此地创造出来的。然而，其中大多数都与南美的物种有着密切亲缘关系，它表现在每一种性状上，表现在习性、姿态与鸣声上。其他的动物及大部分植物，也是如此。"

很明显，加拉帕戈斯群岛曾经接收了来自南美的动植物"移

民"，是遗传的原理泄露了它们的原始诞生地，这一点用达尔文的生物演化论很容易解释。因而，加拉帕戈斯群岛被称为"生物演化的天然实验室"。

其实，对加拉帕戈斯群岛上生物的来历，在达尔文时代还存在着很大争议：究竟是在加拉帕戈斯群岛上就地创造的呢，还是从南美大陆迁入的呢？对此，相信神创论的人认为是前者，支持达尔文理论的人却认为是后者。

然而，就在达尔文逝世后一年多的 1883 年 8 月，印尼的喀拉喀托岛火山爆发，原来的喀拉喀托火山的三分之二在爆发中消失，岛上原来的所有生物都在火山爆发中丧生。令人惊奇的是，50 年之后，喀拉喀托岛上又是森林覆盖，鸟语花香，共有植物物种 270 多种，鸟类 30 多种，还有一些无脊椎动物，可见岛上生态系统恢复得多么快啊！

很显然，这些生物并不是造物主的再创造，而是从附近的爪哇岛和苏门答腊岛上迁移过来的。而且"新移民"中最多的是通过种子扩散的植物，以及能够飞行的昆虫和鸟类。如果达尔文还活着的话，看到喀拉喀托岛的情形，他该会多么兴奋啊！他一准儿会说："你瞧，我早就告诉过你们，我的理论可以解释这种现象，而神创论者却无法合理解释这一现象！"实际上，喀拉喀托岛正是加拉帕戈斯群岛的重演。

达尔文的"生不逢时"

印尼的喀拉喀托岛火山爆发发生在达尔文逝世的一年之后，他没能亲眼看到这一支持他理论的重要证据。因此，在一定程度上，他颇有点"生不逢时"的遗憾。

尽管达尔文异常聪明，发现了前面讲述的那些偶然或奇特的生物扩散方式，合理地解释了世界上生物地理分布的很多奇妙而有趣的现象，但是可惜达尔文早生了100多年，那时全球大地构造研究尚未起步。20世纪60—70年代出现的板块构造学说，被称为地球科学革命；根据板块构造学说，困扰达尔文时代科学家的生物地理分布之谜，在漂移的大陆和变迁的海洋背景下迎刃而解。

比如，从有袋类动物的家族历史故事中，我们能够发现地理变化如何影响了这些腹部有育儿袋的哺乳动物的演化。最著名的有袋类动物袋鼠和树袋熊都分布在澳大利亚，不过美洲有一种负鼠也是有袋类。这种负鼠又是怎么到达美洲的呢？

根据对原始有袋类动物化石的研究，科学家发现：有袋类曾广泛分布在冈瓦纳古陆（即南方大陆）上，那时的南极洲一头连接南美洲，一头连接澳大利亚。随着冈瓦纳古陆分裂成较小的陆块，这些陆块相互间越漂越远。其后，有袋类动物在各个陆块相互隔离的状态下，适应各自的环境，演化成了我们今天所见的不

同物种。

气候变化的影响

几亿年来，地质的变迁与多样的气候对生物的迁徙均有着巨

大的影响。板块构造（或大陆漂移）学说认为，大约 2.5 亿年前，地球上只有一块超大陆，叫作泛大陆。不过，泛大陆是由漂浮在熔岩上的板块构成的，这些板块能够移动。经过亿万年的时间，泛大陆通过"大陆漂移"逐渐分离，形成我们今天见到的各个大陆分布格局。它们被海洋相隔，新的物种就在各个大陆上逐渐演化形成。

此外，"大陆漂移"也曾对全球气候产生了巨大的影响。我们还知道，气候变化又会导致海平面的升降变化，从而造成陆地之间不时分离，随后又会连在一起的情况。隔离时可能就意味着新物种的形成，而相连时能让它们自由迁徙与扩散。

比如，第四纪时期（约 260 万年前到约 12000 年前）出现了全球性的冰期和间冰期的多次交替。在冰期，全球气温下降，大量海水结冰，海平面下降，更多的陆地裸露出来，比如白令陆桥，它是连通今天的俄罗斯楚科奇半岛和美国阿拉斯加州之间的桥梁。当白令陆桥露出时，亚洲和北美洲的生物就能通过它在这两块陆地间迁徙。当全球气温上升时，冰川融化，海水淹没白令陆桥，就使得这两块大陆重新相互隔绝。

第九章

生物相互间的亲缘关系

生物相互间的亲缘关系

除了上面讨论过的古生物化石及生物地理分布信息能够反映出生物相互间的亲缘关系之外，达尔文还认为，生物分类学、形态学、胚胎学等方面的信息也能反映出生物相互间的亲缘关系。

地球上的生物五花八门，种类繁多。为了更好地认识自然界，科学家们很早就尝试对生物进行分门别类，予以划分、区别、鉴定、命名。比如，古希腊哲学家亚里士多德，按照运动方式把动物分成三大类，即：地上跑的、空中飞的、水里游的。还有人按照它们的生活环境来分类的，比如陆生动物、水生动物、两栖动物。也有按照动物的食性（即所吃食物的种类）来分类的，如肉食性动物、植食性动物、杂食性动物等。

而达尔文在《物种起源》里指出："从生命的第一缕曙光开始，所有的生物都能按照传承的顺序，发现彼此之间有着不同程

度的相似性。因此，它们可以在类群之下再分成从属的类群。"自那之后，现代动物学家便大多按照动物之间传承的顺序（即亲缘关系的相近程度）来进行分类。亲缘关系相近就是指它们之间有着比较近的共同祖先。比如，我们跟黑猩猩的亲缘关系很近，因为猿类是我们最近的共同祖先。另外，所有胎生、吃奶、有脊梁骨的动物，都称作哺乳动物，包括豺狼虎豹、猪马牛羊及猿猴人类等。哺乳动物相互之间的亲缘关系比跟其他任何脊椎动物（比如爬行动物、鸟类、两栖类和鱼类）都更为接近。

身体里面有脊椎骨（人体内的脊椎骨也叫脊梁骨）的动物，相互之间的亲缘关系要比跟体内全都没有脊椎骨的动物（比如昆虫或蚯蚓）的亲缘关系更近。因此，动物学家根据体内有没有脊椎骨，把所有的动物分成两大类：一类是有脊椎骨的，称作脊椎动物；没有脊椎骨的动物，被划为另一类——无脊椎动物。脊椎动物有发达的内骨骼，比如我们体内的各种骨头；而大多数无脊椎动物一般具有外骨骼，比如螃蟹和螳螂的外壳。

以生物的相似性和差异性为基础，动物学家用7个主要分类层次对动物进行分类。这一方法最初由瑞典博物学家林奈在18世纪提出来，并随着鉴定技术与方法的改进而不断优化。动物的学名由属名和种名构成，这被称为双命名法，这一命名方法可以帮助科学家准确地识别一个物种。比如，人类驯养的宠物狗有许多品种，但在分类学上全都属于同一个物种——家犬。按照分类

学的七层分类，可以表达如下：

界：动物界

门：脊索动物门

纲：哺乳动物纲

目：食肉目

科：犬科

属：犬属

种：家犬

同源器官与共同祖先

博物学家依靠体内构造和骨骼来找出物种之间是否真有亲缘关系。比如，很多脊椎动物物种在手、爪子或鳍足上都有五指型的骨骼构造；这说明在演化树上它们属于同一个分支。达尔文认为，同一个纲的不同物种的部分器官是同源的，这堪称是自然历史中极为有趣的现象之一，甚至可称为自然历史的灵魂。

同源器官包括用于抓握的人手、用于掘土的鼹鼠的前肢，还有马的前腿、海豚的鳍状肢及蝙蝠的翅膀等。它们都是由同一型式构成的，包含相似的骨头，而且处于同样的相对位置上。还有什么比这更奇特的？同源器官相互关联具有高度重要性，因为

物种
起源

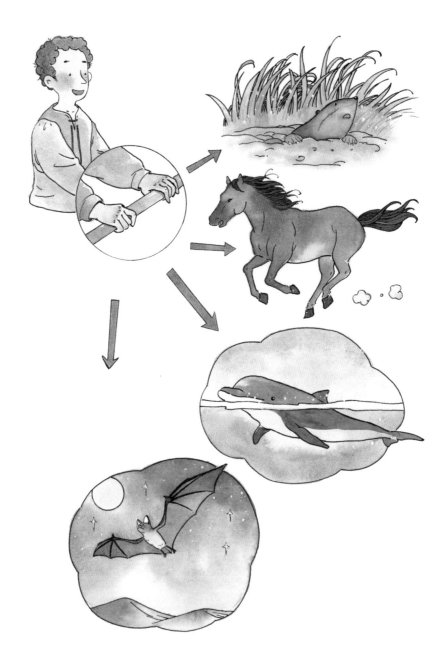

这些部分无论在形状和大小上变化到何种程度，它们都总是以同样的顺序连在一起的。比如，我们从未发现臂骨与前臂骨，或大腿骨与小腿骨的位置颠倒过来的情形。所以，在极不相同的动物中，可以给其同源的骨头以相同的名称。

同样，在昆虫口器的构造中，我们也见到类似的情形：天蛾极长的、呈螺旋状的喙，蜜蜂或臭虫奇异而折叠的喙及甲虫巨大的颚，外表看起来十分不同；可是，所有这些器官虽然用于如此不同的目的，却都是由一个上唇、一对上颚及两对下颚经过无穷尽的变异而形成的。甲壳类的口器与肢体的构造、植物的花的结构也是类似的情形。这些都是共同祖先类型遗传变异的结果。

残迹器官揭示真相

很多动物身上有些骨头、器官和其他构造，已不再有任何用处了，只是由于这些构造并不损害动物的生存机会，因此尽管没什么用处了，却也还没有完全消失。达尔文打了一个比方，这就像英语词汇中的一些字母，现在虽然不发音了，却依然保存在拼写里，语言学家可以由此追溯那个字词来源的线索。残迹器官也有相同功用，从人类的尾巴残迹（即尾椎骨），到鲸的体内遗留着陆地行走时的腿骨残迹，身体揭示了我们演化的历史。

达尔文在写《物种起源》时，有些人仍然相信每个物种都是

从无到有被创造出来的，并且完美适应其生活环境。但是达尔文用自然界中的一些例子反驳了这种观点。为什么雄性哺乳动物会长出毫无作用的乳头？为什么蛇的肺部有一叶没有任何功能？为什么未出生的小牛上颌中有牙齿？因为这些都是它们从祖先那里继承下来的残迹结构。自然选择只会淘汰能产生危害的变异，不会淘汰那些无关紧要的变异。这些保存在生物体内的残迹器官，揭示了它们具有共同祖先及生物演化的真相。

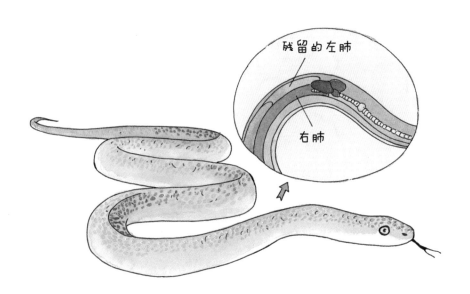

第十章
复述、结论和未来

复述与结论

达尔文把《物种起源》全书看作一部"长篇的论辩"，是他向神创论挑战的宣言。在书的最后一章，他又把主要的事实和推论复述了一遍，就像辩护律师在法庭庭审做最后陈述一样。此外，他认为这也可能会给读者理解他的理论带来一些方便。

首先，他复述了自然选择理论所要面对的一些主要难点：

1. 如果现在的物种是其他物种经过无数细微的变化逐渐演变来的，那么在自然界中为什么我们看不到很多过渡类型？为什么我们看不到遍地都是非驴非马的生物类型呢？

2. 像蝙蝠翅膀、鼹鼠尾巴这样的飞翔结构，像眼睛这样奇妙的感觉器官，真的能够通过自然选择而产生吗？

3. 蜜蜂营造的蜂房形状十分规则，既没有数学家帮忙计算，也没有建筑师帮忙设计，全是出自十分奇妙的本能。哺乳动物的

小宝宝一出世，不需要教就知道自己找母亲的乳头吃奶。这些本能的获得和演化，能否通过自然选择来实现呢？

4. 既然所有的生物演化都是通过自然选择缓慢实现的，那么这些变化需要的时间来自何处？

自问自答

针对自然选择理论可能遭遇到的上述难点，达尔文逐一给出了答案：

1. 过渡类型的变种曾经生存在中间地带，后来被自然选择淘汰；另外，生物构造和生活习性过渡的中间环节，也在自然选择使器官走向完善的过程中被淘汰。这些被淘汰的过渡类型很少会侥幸保存成化石，地质记录又很不完整，也可能这些化石目前还没被发现。

2. 任何器官，包括眼睛和蝙蝠的翅膀，它的完善要经过无数系列的逐级过渡，而每一级过渡，对生物本身都是有好处的。所有的器官都发生变异，哪怕程度极为轻微。最后，生存斗争导致了构造上的每一个有利变异得到保存，经自然选择逐渐累积，引起构造的重要变异，生物才能互相竞争，适者生存。

3. 本能的完善也经过无数过渡阶段，每一阶段对生物本身都曾经是有用的。达尔文用了鸠占鹊巢、蚁类蓄奴、蜜蜂筑巢的例

子说明这些本能都不是天赋或特创，而是自然选择的结果。

4. 达尔文用地质记录的不完整性有力地阐明了地球的历史远比人们当时所能想象的要漫长得多，它为自然选择提供了足够的时间。

复述支持自然选择理论的几个例子

根据达尔文理论，每一个物种都在力求增多，自然选择总是使每一个物种适应自然界中任何未被占据或被占据不稳的地方，那么下面这些就不再是怪事，或许是可以预料的了：

1. 在南美大陆不长树的地方，竟会有一种像啄木鸟一样的鸟在地面上捕食昆虫；

2. 生活在南美高地的鹅，很少或从来没有机会游水，脚上却长着像普通鸭子和鹅一样划水的蹼；

3. 一般的䴕鸟通常生活在地面上，善于奔跑，或是生活在树上，善于飞行，但是竟会有一种生活在水里的䴕鸟，既能潜水又能吃水中的昆虫；

4. 脚趾很长的秧鸡，竟然生活在草地上而不是在沼泽中。

这些动物身上看似"不合常理"的特征都是从祖先种类那里继承下来的。虽然后来生活环境和习性改变了，但身体结构的变化却有些滞后，还没来得及彻底改变。上帝怎么会在这种地方创造出这样"蹩脚"的动物？因此，只有自然选择理论才能解释上面这些看起来很奇怪的现象。

达尔文进而问道："如果我们看到生物在自然状态下确实有变异性，而且有强大的力量总是在'蠢蠢欲动'地要发挥作用并进行选择，为什么我们对生物有用的一些变异，在异常复杂的生活关系中会得到保存、累积，以及遗传，感到怀疑呢？"

为什么生物很少有绝对完美的适应呢？

由于自然选择是通过生存斗争起作用的，当我们说自然选择使某一地方的生物得以适应，仅仅是相对于它们周围的其他生物的完善程度而言的。所以，任何一个地方的生物，尽管按照神创

论观点被认为是造物主为那个地方特地创造出来并适应那个地方的，却被从另一个地方迁入的生物击败并消灭掉，我们也不必大惊小怪。

达尔文指出："蜜蜂的刺会引起蜜蜂自身的死亡；产出如此大批的雄蜂，却仅为了一次交配，大多数雄蜂被它们不育的姊妹们'屠杀'；枞树花粉的惊人的浪费；后蜂对她能育的女儿们所持的本能的仇恨；姬蜂从毛毛虫的活体内取食。还有其他类似的例子，我们也没有必要惊奇。根据自然选择理论，真正奇怪的倒是没有看到更多缺乏绝对完善的例子。"

别蜇我啊，蜇了我你会没命的！

正因为自然选择只能通过累积细微、连续、有利的变异而起作用，所以在达到完善之前，存在很多不完善的过渡状态。如果每一个物种都是独立创造出来的话，那么，按理应该个个都是完美适应的。因而，一般来说，自然界中生物的适应和完善常常是相对的，而不是绝对的。

生物在时间和空间上的分布和演替

在漫长的地球历史上，气候和地理均发生过巨大变化，生物通过很多偶然的传布与扩散方法，曾从世界的某一个地方迁徙到另一个地方，即使两地之间甚至存在着似乎"难以逾越"的地理屏障。

根据生物遗传演化的理论，生物在整个空间上的分布及在整个时间上的地质演替，都被世系传衍的纽带联结着，而且变异的方式也是相同的。因此，许多看似奇怪的分布现象，也就不足为奇了。

优势类型逐渐扩散，伴随着它们后代的缓慢变异，使得生物类型经过长期间隔后，好像是在全世界范围内同时发生了变化似的。

物种及整群物种的灭绝也是自然选择的结果。因为旧的类型总要被新的进步类型取代。世系传衍的链条一旦中断，无论是单

个物种，还是成群的物种，都不会再重新出现。

所有的灭绝生物与现生生物都属于同一个系统，要么属于同一类群，要么属于中间类群，因为它们都是从共同祖先传衍下来的。

同一大陆上的亲缘关系较近的类型（比如澳洲的有袋类、美洲的贫齿类）长久延续的现象，也很容易理解：因为在同一地域内，由于世系传衍，现生与灭绝生物自然而然地有着比较密切的亲缘关系。

地球上的生物地理分布

为什么同一大陆上不同地域的气候环境条件差异很大，却有相似的生物？而在不同大陆上，尽管气候环境条件相同，却又有完全不同的生物？

达尔文指出："在同一大陆上，在最为多样化的条件下，在炎热与寒冷之下，在高山与低地之上，在沙漠与沼泽之中，每一个大纲里的大多数生物都明显相关；因为它们通常都是相同祖先和早期移入者的后代。"相反，两地环境条件相同，如果长期完全分隔的话，两地生物面貌大不相同，也不足为怪。

此外，他还指出："根据迁徙加上后来变异的观点，我们就能理解为什么大洋岛上只有少数物种，其中很多还很特殊。我们也

能理解，像蛙类与陆生哺乳类那些不能跨越辽阔海面的动物，为什么在大洋岛上缺失。另一方面，为什么能够飞越海洋的新的、特殊的蝙蝠物种，往往出现在远离大陆的岛上。这些事实根据神创论，完全无法解释。"

加拉帕戈斯群岛及其他美洲岛屿上，几乎所有的动植物都和相邻的美洲大陆上的动植物密切相关，而佛得角群岛及其他非洲岛屿上的生物，却与非洲大陆上的生物相关。这些事实根据神创论也无法解释，而所有这些事实根据达尔文的理论，都能很容易地得到解释。

其他生物学方面的证据

所有灭绝与现生的生物，构成一个宏大的自然系统，在类群之下又分类群，而灭绝了的类群常常介于现生的类群之间。这一事实，根据自然选择连同它引起的灭绝与性状分异的理论，是很好理解的。而根据神创论，每个物种都是造物主特别创造的，因此，它们之间根本不可能存在这种自然系统关系。这就是生物分类学方面提供的有力证据。

人的手、蝙蝠的翼、海豚的鳍以及马的腿，它们不论从外表看起来还是各自的功能习性都是如此不同，然而它们内部骨骼的框架及其排列方式完全相同；小老鼠与长颈鹿之间脖子的长度差

别是如此之大，然而它们颈部的脊椎数目却完全相同。根据遗传演化理论，这些都很容易解释。

蝙蝠的翼与腿，螃蟹的颚与腿，花的花瓣、雄蕊与雌蕊，用于完全不同的目的，但它们的型式却十分相似，根据它们在早期祖先中相似、后来渐变的观点，这些也不难解释。

同样，我们也能理解，为什么哺乳类、鸟类、爬行类、两栖类及鱼类的胚胎会密切相似，而成体形态却大不相像。呼吸空气的哺乳类或鸟类的胚胎，跟用鳃呼吸溶解在水中的空气的鱼类，同样具有鳃裂和弧状动脉，这样的怪事，根据神创论，是无论如何也难以理解的。

展望未来

达尔文在《物种起源》的结尾，写下了许多脍炙人口的精彩段落。我想，主要是因为他怀有一种意犹未尽、欲言又止的矛盾心情，有些话他当时还不敢挑明，有些话他欲言又止。因此，他只能展望未来，让未来去证实他的学说是"放之四海而皆准"的。所以，他写道：

当我们看生物不再像未开化人看船那样，把它们看作完全不可理解的东西的时候；当我们将自然界的每一种产物，都看作具

有历史的东西的时候；当我们把每一种复杂的构造与本能，都看作众多发明的累积，各自对它的持有者都有用处，几乎像我们把任何伟大的机械发明看作无数工人的劳动、经验、理智甚至于错误的结晶的时候；当我们这样看待每一种生物的时候，自然史的研究（以我的经验来说），将会变得多么有趣啊！"

由此可以看出，达尔文坚信：以他的理论为基础的博物学（包括生物学）在未来会大放异彩！

"放眼遥远的未来，我看到了更重要的研究领域的广阔天地……人类的起源和历史也会从中得到启示。"尽管他这时候还不敢公开讨论人类起源和演化的话题，但在这里仅仅用这寥寥一笔，便起到了画龙点睛的作用！

达尔文花了20多年的心血，终于完成了《物种起源》这部伟大著作，他心里十分清楚它的学术分量：

我在本书中提出的及华莱士先生在《林奈杂志》提出的观点，或者有关物种起源的类似的观点，一旦被普遍地接受之后，我们能隐约地预见到，在自然史中将会发生相当大的革命。

确实，被后人称为"达尔文革命"的这一划时代著作，在160多年后的今天，依然是所有生命科学的理论基石。

对于地球上生物的未来，他同样持有乐观向上的观点：

我们或可预言，操最后胜券并产生优势的新物种，将是一些属于较大的优势类群的常见的、广布的物种。既然所有的现生生物类型都是远在志留纪之前便已生存的生物的直系后裔，我们可以确信，普通的世代演替从未有过哪怕是一次的中断，而且也从未有过曾使整个世界夷为不毛之地的任何灾变。因此，我们可以稍有信心地去展望一个同样不可思议般久长的、安全的未来。由于自然选择纯粹以每一生灵的利益为其作用的基点与宗旨，故所有身体与精神的天赐之资，均趋于走向完善。

（注：这里的志留纪相当于现在的寒武纪。）

完美的结束语

《物种起源》最后一段话，最能反映出达尔文的写作功力，长期以来被人们广泛传诵和引用：

凝视纷繁的河岸，覆盖着形形色色茂盛的植物，灌木枝头鸟儿鸣啭，各种昆虫飞来飞去，蠕虫爬过湿润的土地；复又沉思：这些精心营造的类型，彼此之间是多么的不同，而又以如此复杂

125

的方式相互依存，却全都出自作用于我们周围的一些法则，这真是饶有趣味。这些法则，采其最广泛之意义，便是伴随着"生殖"的"生长"；几乎为生殖所隐含的"遗传"；由于外部生活条件的间接与直接的作用以及器官使用与不使用引起的"变异"："生殖率"如此之高而引起的"生存斗争"，并从而导致了"自然选择"，造成了"性状分异"并致使改进较少的类型"灭绝"。因此，经过自然界的战争，经过饥荒与死亡，我们所能想象到的最为崇高的产物，即各种高等动物，便接踵而来了。生命及其蕴含之能力，最初注入到寥寥几个或单个类型之中；当这一行星按照固定的引力法则循环运行之时，无数最美丽与最奇异的类型，即是从如此简单的开端演化而来、并依然在演化之中。生命如是观，何等壮丽恢宏。

一首现成的诗

达尔文《物种起源》结尾这段话，不仅是充满诗意的美文，而且实际上就是一首现成的未分行的诗歌。达尔文的后代里，涌现出很多杰出人才，包括学者、科学家和诗人等。他的玄外孙女（即亲孙女的外孙女）露丝·帕德尔，是牛津大学历史上首位诗歌女教授。自 2013 年起，她一直担任伦敦英皇学院诗歌教授。2009 年是达尔文诞生 200 周年，也是《物种起源》出版 150 周年。

为了纪念她的先人，露丝·帕德尔出版了一部《达尔文诗传》。

其中有一首题为《关于壮丽恢宏的更有趣的想法》的诗，就是《物种起源》书末最后几句话的诗化总结：

世间每个有机体

是何等的精巧美丽，

因为它的直系祖先

掩埋在地下的岩石里，

抑或它的共同后裔

以其他形式生存在别处，

或早已在远古消失。

通过饥荒、死亡、生存斗争，

达到崇高目的。

我们可以设想一下

高等动物如何创立，

我们最初的冲动

令我们怀疑——

次级定律如何能产生

如此美妙如此神奇的

无数生命机体？

物种
起源

不动脑筋的回答看似极端容易，

一切归功于

造物主的精心设计。

更简单的答案却恢宏壮丽——

无须超自然力

也不靠上帝，

地球照转

全凭万有引力；

从最初几个或一个简单生命体，

依照自然定律

通过自然选择，

无数最美丽最奇异的生命

业已演化出来，

并仍在继续。

注：该诗为本书作者所译。

第十一章
《物种起源》引起的风波

《物种起源》的风波

1859 年 11 月 24 日，《物种起源》第一版由伦敦的默里出版社出版，一共印了 1250 册，当天就卖得精光——这几乎是史无前例的。尤其是考虑到新书定价是每本 14 先令，超过当时普通工人一周的工资。这在当时简直堪称出版史上的奇迹。

在外地疗养的达尔文在收到出版社寄给他的样书之后，立即寄了一本给远在印尼的华莱士。他同时附上了一封短信，里面写道："天哪，上帝才晓得这本书会引起什么样的反应！"

这话还真的被达尔文说中了。《物种起源》出版后，在很短时间内就成了社会上的热门话题，也一时间变得洛阳纸贵，仅3 个月之后，便又印行了第二版。即使在 160 多年后的今天，也如龙漫远教授在一篇文章的开头形容的那样："一千年前的中原，凡有水井处，皆唱柳词；今天的世界，凡有科学之处，皆说达尔

文。"

其实当时无论在科学界，还是在一般民众中，支持和反对达尔文理论的均大有人在。一方面，以赫胥黎为代表的支持者们对达尔文的新理论叹服不已，以至于赫胥黎不无感慨地说："我是多么笨啊，我怎么就没想到这些呢！"另一方面，由于达尔文理论违背了上帝造物和物种不变的基督教教义，因而受到了教会及其信徒们的强烈反对。当时西方的宗教势力是十分强大的。据说一位神职人员的太太，曾惊恐万状地私下对她的丈夫说："唉，上帝啊，让我们希望达尔文先生所说的不是真的。如果是真的，让我们希望不要让人人都知道这是真的！"

《物种起源》的出版，令达尔文喜忧参半。一方面，它给达尔文带来了很大的愉悦与满足。毕竟20多年的辛勤劳动终于修成了正果，并获得了巨大成功。他在给出版商默里的感谢信里写道："谢谢你做了一件非常漂亮的工作，要知道这本书就是我的孩子啊！"另一方面，由于达尔文在环球考察期间染上了一种怪病，一直医治不好，时常会头晕、呕吐，在写作《物种起源》的过程中，除了繁重的工作之外，疾病的困扰也使他筋疲力尽、痛苦不堪。在即将完成这本书的时候，他曾在给表兄的信里吐槽说："这本讨厌的书，害得我好苦，我几乎要痛恨它了！"

此外，他心里明白，自己的理论彻底颠覆了人们的认知，因而《物种起源》出版引起的这场论战才刚刚开始，后面更大的论

战似乎难以避免。然而此时的达尔文已心力交瘁，他还有很多工作要做，很多的书要写，他根本无意卷入这场可能会是无休止的论战。

更何况达尔文向来是十分低调、与世无争的绅士，他对任何形式的论战都避之不及。他心里十分清楚，论战双方阵营都有他敬重的人，比如，反对派里有他在剑桥的地质学教授塞奇维克及英国当时最负盛名的解剖学家欧文先生。

然而，俗话说得好："是福不是祸，是祸躲不过。"温润如玉的达尔文先生，无论如何也是逃避不了这场大论战的。

赫胥黎——"达尔文的斗犬"

在这场大论战中，达尔文最有力的支持者也大多是他的好朋友，其中最有名的要数达尔文的"三剑客"——莱尔、胡克和赫胥黎了。尤其是赫胥黎，堪称才华横溢的青年才俊；他比莱尔、胡克和达尔文都要年轻，当时才30多岁，却已经是大名鼎鼎的脊椎动物解剖学家了。此外，赫胥黎的口才极好，又有急智，是非常有名的演讲家。他还是英国皇家学会的会士及金质奖章获得者，因而可以说是当时英国科学界著名的少壮派代表人物。

赫胥黎读完《物种起源》后，对达尔文佩服得五体投地；他给达尔文写了封信，表达了对他的仰慕和支持。他在信中写道：

"除非我的猜测大错特错，您的理论将会被歪曲和误解。那样的话，请您相信，您的朋友们会站出来为您辩护。我正在磨利我的爪子和牙齿，时刻准备战斗。"后来，赫胥黎干脆自称是"达尔文的斗犬"。而且他说到做到，《物种起源》出版后才一个月，他就匿名在《泰晤士报》上刊载了一篇很长的评论和推介的文章，大力支持和赞扬达尔文的理论。

反对达尔文理论的阵营，也不甘示弱，欧文也匿名写了一篇长篇书评，对达尔文的理论予以猛烈的抨击。而两军公开对阵，则数在牛津大学举行的一场大辩论最为惊心动魄。

1860年6月30日，英国科学促进会学术年会在牛津大学礼堂召开。那天是星期六，来了不少看热闹的人，大约有800人参加。

唱主角的是牛津大主教威尔伯福斯，他在前一天刚被欧文亲自"训练"了一番，今天满怀信心地走上了讲台。威尔伯福斯大主教先是慷慨激昂地对达尔文理论展开了恶毒的攻击，在他讲得扬扬得意时，他突然决定挑衅一下坐在台下的赫胥黎。他不怀好意地问道："如果你认为人类是由猴子变来的，那么请问是你爷爷那一方还是你奶奶那一方，是从猴子变来的呢？"

这个问题自然引起了反对达尔文理论的人们的喝彩和哄笑。可是，赫胥黎异常镇定自若，外表上不羞不恼，并悄悄地对身边的朋友说："他今天终于落到我的手上了！"

等到主持人让赫胥黎发言时，他不慌不忙地走上台，简要地介绍了达尔文理论，并一一反驳了威尔伯福斯大主教对生物演化论的荒谬指责。最后，他彬彬有礼地把目光转向台下的大主教，冷静地说："如果让我在下面两者之间选择爷爷的话，一个是猿猴，一个是很有才华却利用他的才华把荒谬的言论引入严肃的科学讨论的人，那么我会毫不犹豫地选择猿猴做我的爷爷！"

赫胥黎话音一落，立即引起支持者阵营的一片掌声与喝彩，而威尔伯福斯大主教则羞得面红耳赤。

特别值得一提的是，对于牛津这场大辩论，大家都常常津津乐道于赫胥黎对威尔伯福斯大主教的反唇相讥，却忘记了胡克对威尔伯福斯大主教的致命抨击。胡克对威尔伯福斯大主教的批评，句句击中要害，以至于在胡克的抨击之后，威尔伯福斯大主

教当场就气昏了过去！除了威尔伯福斯大主教本人之外，还有一位女信徒也在辩论过程中气昏了过去。

像往常一样，深居简出、一向逃避正面冲突的达尔文，并没有出席这场大辩论。尽管他不在场，但当时所发生的一切，他都了如指掌。胡克次日晚给达尔文写了一封长信，把辩论的情况知会他。胡克在信中写道："这场辩论简直就像一场精彩激烈的拳击比赛。当威尔伯福斯大主教出了他第一拳之后，被我用 10 个字就把他痛揍了一顿——而这 10 个字都出自他自己的话！然后我用短短几句话指出：1. 从那 10 个字可以证明他压根儿就没有读过您的书，他有什么资格对您的理论评头论足？ 2. 他缺乏最基本的科学常识，他有什么资格在这里大放厥词？"

原小猎犬号舰长菲茨罗伊手持一大本《圣经》，也作为反对达尔文阵营的一员出席了辩论会。菲茨罗伊舰长当场气得捶胸顿足，大骂达尔文背叛了他的宗教信仰，悔不该当初带他去环球考察！

不断修改，时常更新

正因为《物种起源》出版后引起如此大的争议，在它第一版出版以后，达尔文依然不断地搜集和补充新证据，以便在新版里加进去。对于别人的批评，他也是通过在新的一版里增加内容予

以讨论和回答。比如，《物种起源》发表后不到两年（1861 年），在德国就发现了始祖鸟的骨骼化石。发现这块化石的人把它送给了自己的医生以抵销医疗费，这位医生把化石卖给了大英自然历史博物馆。当时任大英博物馆馆长的欧文出了很高的价钱（相当于博物馆全年的财政经费）买下了这块化石，经研究后定名为"始祖鸟"。

始祖鸟有牙齿，翅膀上生有爪子，这是爬行类动物的特征；同时又生有羽毛，这是鸟类的特征。它是典型的介于爬行类与鸟类之间的过渡类型物种。达尔文在《物种起源》第四版（1866 年）中及时引用了始祖鸟的例证，来支持自己的自然选择理论。

《物种起源》一共出了六版：1859 年发行了第一版之后，又连续出了第二版（1860 年）、第三版（1861 年）、第四版（1866 年）、第五版（1869 年）及第六版（1872 年）。从第四版开始，达尔文为了应对别人的批评做了大量的修改，以至于第六版比第一、二两版多出了三分之一的篇幅。

勤奋著述

从《物种起源》第一版问世的 1859 年起，由于病痛的折磨，达尔文很少离开他的住所，躲在家里一边与病魔搏斗，一边不停地写作。大家想想看，对他这样一个病人来说，光是修改和校阅

那么多版本的《物种起源》书稿，得要花去他多少的时间和精力啊！况且他还在不停地搜集各方面的证据，使自己的理论更加无懈可击。这期间，他真是"两耳不闻窗外事"，一心只写"圣贤"书。

达尔文于 1862 年和 1868 年又分别发表了《不列颠与外国兰花经由昆虫授粉的各种手段》及《动物和植物在家养下的变异》两本书。这些本来都是他原计划中要写的那本"物种大书"的内容，现在整理出版了，为进一步支持《物种起源》里提出的以自然选择为主要机制的生物演化论提供了更多的证据。

在《物种起源》发表以来的 160 多年中，支持"通过自然选择而演化"这一理论的新证据仍然持续不断地涌现出来，充分显

示了达尔文理论的强大生命力。在科学范围内，虽然在一些细节上，我们发现《物种起源》中可能存在这样或那样的缺陷，但是达尔文理论的整体框架是牢固而不可动摇的。而且随着时间的推移，越来越多的科学发现进一步证实了达尔文的很多预见。

人类起源——不容回避的问题

我们前面已经谈到，由于顾忌到宗教势力的强烈反对，达尔文在《物种起源》一书中，通篇没有触及人类起源问题，更没有对人类起源提出任何猜测。尽管如此，反对达尔文理论的人都心知肚明：如果所有其他生物物种都是通过自然选择演化而来的，人类怎么可能是唯一的例外呢？

因而从一开始，反对达尔文学说的人就试图把批评的矛头指向这个问题。除了上面提到的在牛津大辩论中，威尔伯福斯大主教向赫胥黎提出污辱性问题之外，各种报刊也充满了各种卡通漫画，把达尔文画成一半像人、一半像猴子的样子。他们用这些卑鄙手段，一方面丑化达尔文，另一方面指责达尔文大逆不道地把人与猴子联系在了一起。

长期以来，不少人确实有一种误解，以为《物种起源》是讨论生命起源或人类起源的。许多读者曾向我吐槽说，读了您翻译的《物种起源》，还是没弄明白地球上的生命究竟是如何起源的。

我说，达尔文写这本书的目的，原本就不是探讨生命起源的，而是探讨地球上众多不同生物物种，究竟是不是上帝一个个独立地创造出来的，而且一经创造出来之后，便固定不变了。他提出的自然选择理论，就是要表明，地球上五花八门的生命形式，都是为了适应千变万化的环境，从最初一个或少数几个原始类型长期缓慢地自然演化而来。这里面根本就没有造物主什么事！

因此，如果说《物种起源》是达尔文给维多利亚时代人头上扔下的一只靴子的话，那么，从那一刻起，人们就在等着他的另一只靴子落地，即讨论人类起源问题。1871 年，达尔文终于鼓足勇气，发表了《人类的由来及性选择》。